世界名贵木材

图鉴

陈松武　黄善忠　陈桂丹　主编

中国林业出版社

**图书在版编目（CIP）数据**

世界名贵木材图鉴 / 陈松武, 黄善忠, 陈桂丹主编 . — 北京 : 中国
林业出版社 , 2022.10

ISBN 978-7-5219-1896-0

Ⅰ . ①世⋯ Ⅱ . ①陈⋯ ②黄⋯ ③陈⋯ Ⅲ . ①木材－世界－图集
Ⅳ . ① S781-64

中国版本图书馆 CIP 数据核字（2022）第 181842 号

责任编辑：李 顺 陈 惠

出　　版：中国林业出版社（100009 北京西城区刘海胡同 7 号）
网　　站：https://www.forestry.gov.cn/lycb.html
印　　刷：北京博海升彩色印刷有限公司
发　　行：中国林业出版社
电　　话：（010）83143500
版　　次：2022 年 10 月第 1 版
印　　次：2022 年 10 月第 1 次
开　　本：710mm×1000mm　1/16
印　　张：13.75
字　　数：250 千字
定　　价：158.00 元

# 《世界名贵木材图鉴》
## 编委会

# 序

我国虽然是一个少林的国家，但在林业部门长期努力下，尤其是党的十八大以来，在习近平生态文明思想指引下，绿水青山就是金山银山的理念成为全党全社会的共识，我国持续开展大规模造林绿化行动。截至 2021 年，我国森林面积达 2.3 亿 $hm^2$，森林覆盖率达 24.02%，森林蓄积量达 194.93 亿 $m^3$，森林面积和森林蓄积量分别位居世界第 5 位和第 6 位，人工林面积居世界首位。中国为全球贡献了四分之一的新增森林面积。

然而，我国也是全球人口第一大国和木材消费第一大国。2021 年，中国木材产量仅为 9888 万 $m^3$，而木材消耗量约 6.5 亿 $m^3$，木材产与消之间形成了一个巨大缺口。从国外进口木材是解决目前国内木材供应紧张的必然途径。近年来，无论是进口木材的种类，还是木材的进口量和进口来源地都在不断增加，尤其用于实木家具、建筑装饰等领域的深色名贵木材，几乎完全依赖进口解决。

多年来，人们对进口木材的构造特征及鉴定方法缺乏重视，尤其是从东南亚、非洲和美洲热带地区进口名贵硬木的鉴别。一些木材经销商为了获取不正当的经济利益，故意将一些名贵木材冠以不伦不类、混淆视听的名称，或将一些低档的木材误称为名贵木材，例如，染料紫檀冒充檀香紫檀，古夷苏木误称巴西花梨，风车木误称柬埔寨酸枝，阔变豆误称南美酸枝；从而导致木材市场的树种名称相当混乱。所以，规范市场的木材名称、正确鉴定木材树种十分必要，意义重大。

国内曾出版过不少有关木材鉴别的图书，都有各自的特点，但多数技术性比较强，仅适用于从事木材鉴定的专业人士，一般读者则无法参考。有的仅有原木彩色图或木材宏观构造图，而没有附上木材微观构造图和微观构造特征，要鉴定到树种相当困难，甚至不可能。可喜的是，由陈松武高级工程师主编的《世界名贵木材图鉴》即将出版。本书所收录的 90 种名贵木材涵盖了木材贸易中主要的进口名贵木材，具有以下独到之处：

（1）实用性和普及性强：每个树种除了有传统的木材构造特征描述和木材三切面微观构造图之外，还附有实体木材切面图和木材横切面宏观构造图，能够更清楚地分辨宏观构造，扩大微观构造的观察视野。有"看图识木"之感，能大大提高木材鉴定的速度和鉴定结果的精确度。

（2）趣味性和可读性强：每个树种配有一个木文化故事，将木文化故事与木材构造特征巧妙地联系在一起，增加了本书的趣味性和可读性，使读者能感受到木文化之美妙，从而激发广大读者对名贵木材的保护意识。

（3）科学性和政策性强：本书记载的 90 种名贵木材中，有 30 种被列入《濒危野生动植物种国际贸易公约》或《国家重点保护野生植物名录》，在书中均已标明其保护级别与等级。为规范我国木材进出口贸易市场，提高我国保护濒危珍贵树种与履行 CITES 公约能力提供科学依据和技术支撑。

愿本书的出版能为从事木材加工、家具制造、木材贸易、木材质检和执法的人员有效鉴别木材带来益处。

2022 年 6 月于南宁

# 前　言

据不完全统计，全世界有树木种类约 6 万余种，其中商品材约 2000 多种。被人们所青睐，利用价值较高，资源稀缺的名贵木材约 200 多种。而且，有的是已濒临灭绝或已被列为濒危保护树种的木材，有闻其名而未见其物，甚至很少有交易的木材种类。

本书旨在帮助人们了解、掌握目前木材贸易中深受人们青睐的世界主要优质名贵木材、濒危保护木材的鉴别和利用，从而提高人们对木材的鉴别能力和保护意识，达到优材、优价、优用和有效保护濒危树种的目的。

我们认为，名贵木材是指在长期木材加工利用过程中，木材及其制品的材性、观赏性、使用价值、文化价值、优良品质、高贵程度得到人们广泛认同和青睐的木材统称。它是以人们公认的品质、贵重的价值为基础，其种类包括红木类、非红木类名贵木材（红木类木材在文中已标注，未标注即为非红木类木材）。本书收录目前国内外木材贸易常见的主要名贵木材，对于一些在贸易市场很少或没有交易的名贵木材未收录，例如，红木类的巴西黑黄檀（*Dalbergia nigra*）、亚马孙黄檀（*Dalbergia spruceana*）、安达曼紫檀（*Pterocarpus dalbergioides*）、毛药乌木（*Diospyros pilosanthera*）等，非红木类名贵木材的黑苏木（*Melanoxylon brauna*）、山核桃（*Carya cathayensis*）、崖柏（*Thuja sutchuenensis*）、望天树（*Parashorea chinensis*）等。

收录于本书的木材种类，隶属 27 科 59 属 90 种。多数种类是目前在国内市场交易的木材。木材标本、样本均为广西壮族自治区林业科学研究院几十年来收集和国内外交流以及市场采集所得，其中国产木材 15 种，东南亚木材 25 种，非洲木材 26 种，南美洲木材 20 种，北美洲、欧洲木材 4 种，并按不同地区所产的木材种类逐种鉴别。书中内容结合目前市场实际需求和发展，主要介绍每种木材的中文名、学名、木材名称、木材别称（含俗称、曾用名和市场名称）、木材分类、主要产地、宏观构造、微观特征、特性及用途、保护级别以及树木文化等。本书所列的木材保护级别依据为《世界自然保护联盟濒危物种红色名录》（IUCN）、《濒危野生动植物种国际贸易公约》（CITES）以及中国《国家重点保护野生植物名录》。每种木材均记载了主要宏观和微观构造特征，并附有木材横切面、弦切面、径切面三个切面的显微构造图和横切面体视图，木材特征、形态清晰明鉴，内容系统全面，科学专业，鉴别方法简明易懂。

本书在收集木材样本时，得到广东、上海、浙江等多家单位的帮助和支持，在此表示感谢！本书的出版，将为我国木材相关行业机构、企事业单位和木材爱好者提供木材鉴别技术和依据，并为提高我国进口木材贸易、濒危木材树种保护能力提供科学帮助和技术支撑。

本书由广西壮族自治区林业科学研究院组织编写。由于编写时间仓促及作者水平有限，错漏之处在所难免，敬请读者批评指正。

《世界名贵木材图鉴》编委会

2022 年 6 月

# 目 录

# 第一章

## 木材鉴别方法

# 一、木材鉴别"三要素"

木材鉴别通常是以木材为对象，利用肉眼或放大镜、显微镜观察木材构造特征，根据木材内部不同的构造特征确定木材种类。因此，木材鉴别一般必须具备或掌握三个条件：木材样本、鉴别工具和构造特征，简称木材鉴别"三要素"。

## （一）木材样本

木材鉴别首先要具备木材样本，没有木材样本或木材样本不符合鉴别要求，是不能鉴别出正确的结果或鉴别结果无效。木材样本大小和数量要求如下：

### 1. 现场宏观鉴别取样

主要是针对现场原木和锯材的外部形态特征（包括材表、材色、年轮、心边材、气味、纹理等）和木材宏观特征进行现场宏观鉴别。通常是用锋利小刀在原木或锯材横切面木质部正常位置平滑切削，直接用肉眼或 10 倍放大镜在切削平滑的原木或锯材横切面上观察，也可以截取厚度尺寸为 2cm 以上正常样本，将横切面切削平滑后观察。若现场鉴别结果有困难需通过实验室进一步检测鉴别，再按照实验室专业鉴别要求进行取样。

木材切削观察

木材切削取样

### 2. 实验室鉴别取样

（1）原木和锯材样本。应在原木或锯材两端靠端头且木纤维构造保持完好的正常部位截取厚度、宽度、长度尺寸均为 2cm 以上的样本。

（2）木家具和工艺品样本。应在不影响其使用功能、使用价值的隐蔽部位截取样本，样本任意方向尺寸应能满足徒手切片要求。

原木和锯材取样　　　　　　　　　木家具和工艺品取样

### 3. 取样工具

用于原木和锯材取样的工具，主要有锯、刀等；用于家具和工艺品取样的工具，主要有生长锥、电钻和凿等。

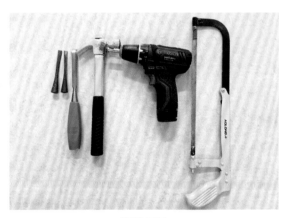

取样工具

## （二）鉴别工具

### 1. 宏观构造鉴别工具

（1）切片刀。要求锋利，通常采用切削木材切面的专用小刀，切削木材切面光滑平整，能清晰观察木材构造特征。

（2）放大镜。用小刀切削木材切面后，使用10倍放大镜（10#）观察木材宏观构造特征。

（3）体视显微镜。用小刀切削木材切面后，使用体视显微镜观察木材宏观构造特征。

小刀

放大镜

### 2. 微观构造鉴别工具

（1）切片刀和切片机。用于木材三切面（横切面、弦切面、径切面）的薄片切削，又称木材切片。木材切片又分为机械切片（将木材软化处理后的试样固定在切片机上进行切片）和徒手切片（试样不经软化处理而直接手持刀具进行切片）。

切片刀、单面刀片

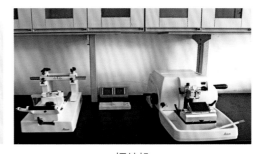
切片机

（2）玻片。用于放置木材切片的载玻片和盖玻片的统称。

（3）化学用品。番红、乙醇、TO 透明剂、甘油等，用于切片染色及封片的化学用品。

玻片

（4）显微镜。常用的有光学显微镜（20～1600倍），主要用于观察木材微观构造特征。

化学用品

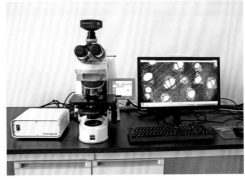

显微镜

## （三）木材构造特征

各种木材构造特征名称的术语、定义，参见《木材鉴别方法通则》（GB/T 29894—2013）、《红木》（GB/T 18107—2017）、《木材性质术语》（LY/T 1788—2008）和《木材树种名称鉴别》（DB45/T 1146—2015）相关标准。针叶树材和阔叶树材的构造特征种类通常存在明显区别，一般而言，针叶树材构造特征较简单，而阔叶树材构造特征较为复杂，具体如下：

### 1. 宏观构造特征

用肉眼或者放大镜所观察到的木材构造特征。

| 序号 | 针叶树材 | | 阔叶树材 | |
|---|---|---|---|---|
| | 构造特征 | 形态/排列方式 | 构造特征 | 形态/排列方式 |
| 1 | 生长轮（年轮） | 明显度、形状 | 生长轮（年轮） | 明显度、形状 |
| 2 | 早材、晚材 | 宽窄度 | 早材、晚材 | 宽窄度 |
| 3 | 心材、边材 | 明显度、颜色 | 心材、边材 | 明显度、颜色 |
| 4 | 树脂道 | 大小、分布 | 树胶道 | 有无、颜色 |
| 5 | 材色 | 木材主要颜色 | 材色 | 木材主要颜色 |
| 6 | 气味 | 有无、浓淡 | 气味 | 有无、浓淡 |
| 7 | — | — | 波痕（叠生构造） | 有无、明显度 |

续表

| 序号 | 针叶树材 | | 阔叶树材 | | |
| --- | --- | --- | --- | --- | --- |
| | 构造特征 | 形态/排列方式 | 构造特征 | 形态/排列方式 | |
| 8 | — | — | 管孔 | 类型 | 散孔、环孔、半环孔（半散孔） |
| | | | | 排列 | 单个、径列、斜列、波列、团列 |
| 9 | — | — | 轴向薄壁组织 | 傍管型 | 环管状、翼状、聚翼状、傍管带状 |
| | | | | 离管型 | 星散—聚合状、轮界状、离管带状、切线状 |
| 10 | — | — | 木射线 | 宽细 | 宽、中、细 |
| | | | | 明显度 | 不见、可见、明显 |

## 2. 微观构造特征

在显微镜下观察到的木材构造特征。

| 序号 | 针叶树材 | | 阔叶树材 | |
| --- | --- | --- | --- | --- |
| | 构造特征 | 形态/排列方式 | 构造特征 | 形态/排列方式 |
| 1 | 轴向管胞 | 管胞形状、纹孔、螺纹加厚 | 导管（管孔） | 管孔分布、穿孔、管间纹孔、螺纹加厚、导管内含物 |
| 2 | 轴向薄壁组织 | 星散状、星散—聚合状、切线状、轮界状 | 轴向薄壁组织 | 环管状、翼状、聚翼状、带状、星散、星散—聚合状、轮界状、切线状 |
| 3 | 木射线 | 种类、排列、射线细胞、射线薄壁细胞、交叉场纹孔 | 木射线 | 种类、排列、细胞组成、射线组织、内含物 |
| 4 | — | — | 叠生组织 | 是否叠生 |
| 5 | 树脂道 | 正常、创伤轴向、径向 | 树胶道 | 有无 |

### 3. 构造特征示意图

（1）生长轮（年轮）

树木形成层在每个生长周期所形成的，并在树干横切面上所看到的围绕着髓心的同心圆环。在热带地区，有些树木终年生长不停，因而没有明晰的年轮，但可能有生长轮。在温带和寒带地区，树木的生长轮就是年轮。

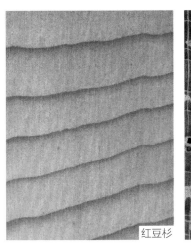
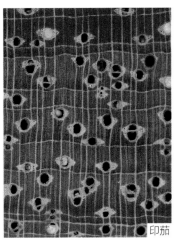

红豆杉　　　　印茄

生长轮

（2）早材和晚材

在一个树木生长轮内生长季节早期所形成的靠近髓心方向的木材称为早材；在一个树木生长轮内生长季节晚期所形成的靠近树皮方向的木材称为晚材。

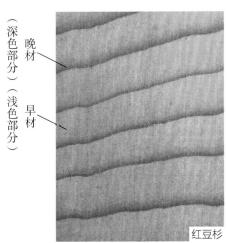
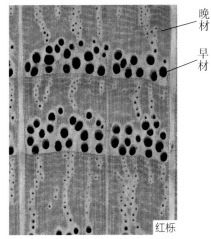

（深色部分）晚材

（浅色部分）早材

晚材

早材

红豆杉　　　　红栎

早材和晚材

（3）树脂道

针叶树材内分泌树脂的胞间道。

（4）树胶道

阔叶树材内分泌树胶的胞间道，且多为热带木材的正常特征；有轴向树胶道、径向树胶道之分。

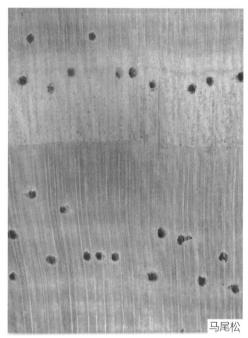

树脂道　　　　　　　　　　　　　　　　　树胶道

（5）管孔的分布类型

阔叶树材的导管在横切面上呈孔状的称为管孔。根据管孔在横切面上一个年轮内的分布和大小情况，可将阔叶树材分为散孔材、环孔材和半环孔材（半散孔材）。

散孔材：是指在一个年轮内早晚材管孔的大小没有显著区别，分布也均匀的木材。

环孔材：是指在一个生长轮内，早材管孔明显大于前一生长轮和同一生长轮的晚材管孔，并形成一个明显的带或环，急变到同一生长轮晚材的木材。

半环孔材（半散孔材）：是指管孔的排列介于环孔材与散孔材之间，早材管孔明显大于前一生长轮晚材管孔，但在同一生长轮内，从中部到晚材管孔逐渐变

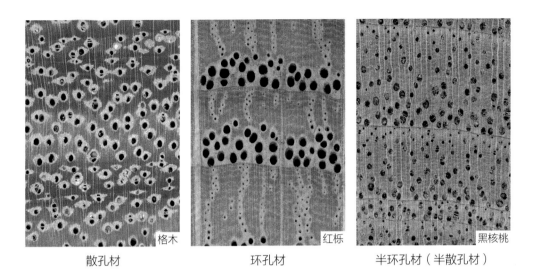

散孔材　　　　　　　　　　环孔材　　　　　　　半环孔材（半散孔材）

小；或者木材有一个明显的生长轮，其早材管孔间距很近并不明显大于前一个生长轮或同一生长轮的晚材导管。

（6）管孔排列

管孔排列主要是针对散孔材生长轮内管孔和环孔材中晚材部分管孔的排列方式进行分类。

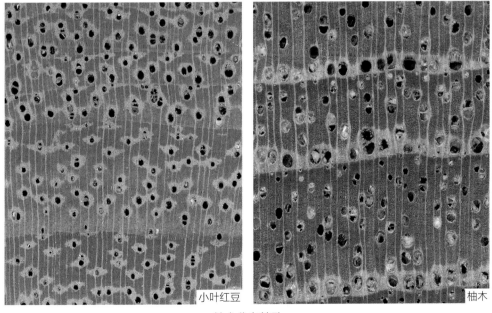

单个分布管孔

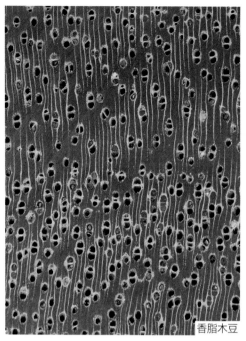

香脂木豆

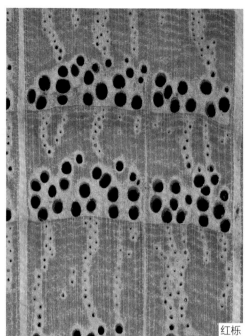

红栎

径列管孔

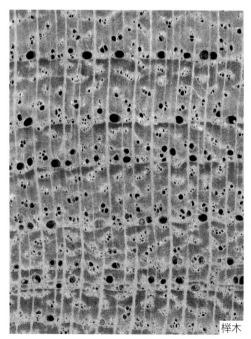

榉木

斜列、团列管孔

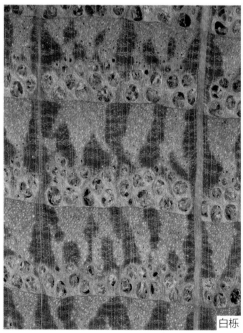

白栎

火焰状（树枝状）管孔

（7）轴向薄壁组织

形成层纺锤形原始细胞分生形成的，沿树干方向成串相连、一般具单纹孔的薄壁细胞群，可分为离管类及傍管类薄壁组织两大类。离管类薄壁组织是在模式情况下，不依附管孔或导管的轴向薄壁组织，分为轮界状、星散状、星散聚合状和带状薄壁组织等。傍管类薄壁组织是在模式情况下，依附管孔或导管的轴向薄壁组织，可分为稀疏傍管类薄壁组织、环管状薄壁组织、翼状薄壁组织、聚翼状薄壁组织、单侧傍管薄壁组织、傍管带状薄壁组织。

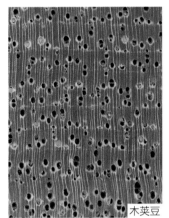
木荚豆

环管状轴向薄壁组织

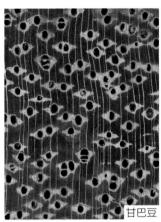
甘巴豆

翼状、聚翼状轴向薄壁组织

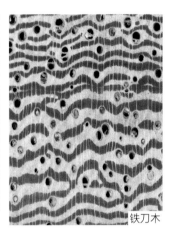
铁刀木

傍管带状轴向薄壁组织

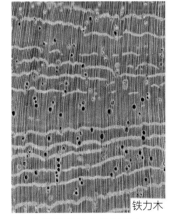
铁力木

离管带状轴向薄壁组织

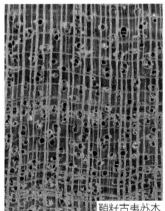
鞘籽古夷苏木

轮界状轴向薄壁组织

印茄

（8）木射线

细木射线：射线宽度在 0.05mm 以下，肉眼下不见至可见。

聚合木射线：由许多小而窄的木射线集合为一组，肉眼或低倍放大镜下像一根宽的木射线。

（9）侵填体

阔叶树材的心材和边材导管内的囊状或泡状的填充物，来源于邻近的木射线或轴向薄壁细胞，通过导管管壁的纹孔挤入胞腔，局部或全部将导管堵塞，常有光泽。

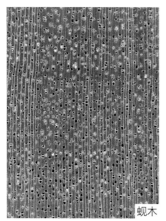
蚬木

白栎

胶漆树

细木射线　　　　　　　　　聚合木射线　　　　　　　　　侵填体

（10）针叶树材管胞螺纹加厚

在细胞次生壁内表面上，由微纤丝局部聚集而形成的屋脊状凸起，呈螺旋状坏绕看细胞内壁的加厚组织。

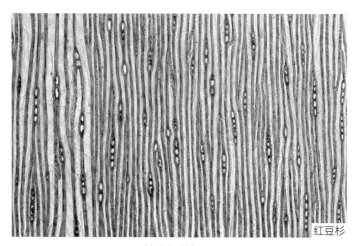
红豆杉

管胞螺纹加厚

（11）针叶树材木射线交叉场纹孔

交叉场是指在针叶树材射线薄壁细胞和轴向管胞相交处的细胞壁区域。在交叉场中的纹孔排列方式，早材部分常见，主要有窗格型、松木型、云杉型、柏木型、杉木型、南洋杉型。

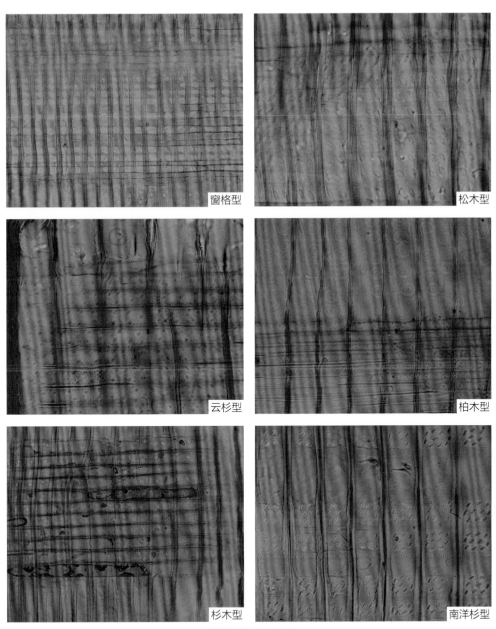

窗格型　　　松木型

云杉型　　　柏木型

杉木型　　　南洋杉型

木射线交叉场纹孔

（12）阔叶树材穿孔板

纵向相邻两个导管分子之间底壁相通的孔隙称为穿孔板，有单穿孔板和复穿孔板。

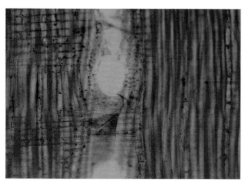 

单穿孔板　　　　　　　　　　　复穿孔板（梯状穿孔板）

（13）阔叶树材管间纹孔排列

导管与导管之间的纹孔，常呈一定的排列形式，有梯状纹孔、对列纹孔和互列纹孔。

  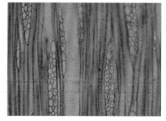

管间互列纹孔　　　　　管间对列纹孔　　　　　管间梯状纹孔

（14）木射线排列

在木材横切面上从髓心向树皮呈辐射状排列的射线薄壁组织，来源于形成层中的射线原始细胞，是树木体内的一种贮藏组织。按排列形式分单列、双列、多列；按细胞组成分同形、异形；针叶树材有纺锤形。

异形 I 型：在弦切面上观察，多列射线的单列尾部比多列部分长；在径切面上观察，直立和方形射线细胞的部分高于横卧射线细胞部分，单列射线全由直立或者直立和方形射线细胞组成。

异形 II 型：在弦切面上观察，多列射线的单列尾部比多列部分短；在径切面上观察，直立和方形射线细胞的部分低于横卧射线细胞部分，单列射线全由直立或者直立和方形射线细胞组成。

异形 III 型：在弦切面上观察，多列射线的单列尾部仅具有一列方形边缘细胞；在径切面上观察，多列射线上下缘通常仅具有一列方形边缘细胞。单列射线有的全由横卧射线细胞组成，有的由方形射线细胞或者方形与横卧射线细胞混合组成。

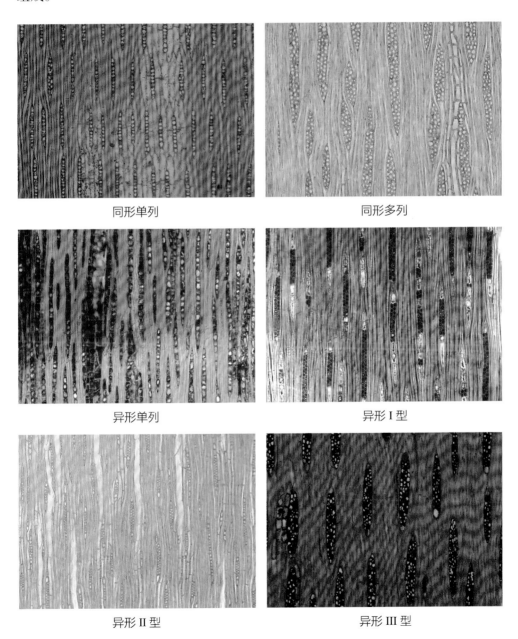

同形单列　　　　　　　　　　　　　同形多列

异形单列　　　　　　　　　　　　　异形 I 型

异形 II 型　　　　　　　　　　　　异形 III 型

（15）木射线叠生

在弦切面上，射线呈水平方向整齐排列。

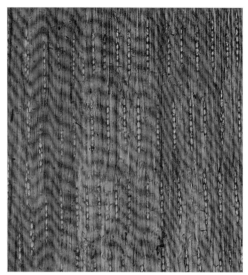

| 单列木射线叠生 | 多列木射线叠生 |

（16）树胶道

根据树胶道在树干中的分布，树胶道分为轴向树胶道和径向树胶道。轴向树胶道在横切面上通常散生；径向树胶道存在于纺锤状木射线中。

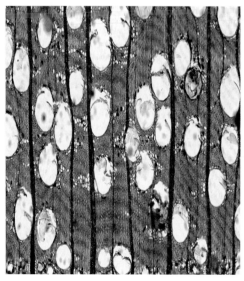 

| 轴向树胶道 | 径向树胶道 |

# 二、木材鉴别方法步骤

## （一）经验鉴别

木材的经验鉴别，是指通过一定时间对木材鉴别反复的实践摸索，形成一套较为成熟、有效的木材鉴别技巧和手段，又称传统木材识别方法。该方法因鉴别者自身实践总结程度、敏感程度、观察能力水平等的不同而存在差异。例如，有的利用手"掂"其重量程度确定结果，称手感经验；有的利用"闻"或"嗅"其气味程度确定结果，称嗅感经验；有的利用眼睛观察木材表面纹理变化程度确定结果，称观感经验；有的利用刀"削"木材硬度、韧度和碎度确定结果，称刀感或手感经验，上述方法都是属于经验鉴别木材的方法和技能。该方法具有方便、快捷的特点，但其科学性、准确性待进一步确认。要做好经验鉴别木材，除了需要全面了解和掌握木材具有的独特特征外，重点要从材色、重量、纹理、气味、声音五方面进行，即"色、重、纹、味、声"，又称经验鉴别木材五法，具体如下：

一法　材色（观）。根据木材具有的颜色（即白、黄、灰、红、紫、黑等）的不同鉴别木材。例如，紫檀木，其主色为深紫色或黑紫色，在白纸划痕为紫色为主。仿似紫檀木的染料紫檀，以褐色为主，主为深褐色。仿似紫檀木的胶漆树，其色为艳红色至深红褐色；又如，黄杨木，主色为黄色或鲜黄色，而仿似黄杨木的黄牛木以黄褐色或红褐微黄色，黄栋木的浅黄褐色，卫矛以灰黄色为主。因此，材色识别不需要每个种类死记，主要抓住相近色关键点即可。

二法　轻重（掂）。根据木材重量（密度）的不同鉴别木材。通常用手掂量木材或其制品，依据手感力度，就能感知是否属红木或是哪一大类木材。例如，檀香紫檀（俗称"小叶紫檀"）与杂色豆（俗称"非洲小叶紫檀"）木材中所含的物质不同，其手感明显不同。又如红酸枝木材含油性较强，用手掂其重量，手感是重而柔，细腻带油感，而俗称为"非洲红酸枝"的红铁木豆，重中沉硬，手感重而干。

三法　木纹（看）。利用肉眼或10倍放大镜观察木材材身及板面纹理排列形态，包括其方向、粗细、直斜、长短、光色泽及内含物等的不同鉴别木材，也是目前经验鉴别木材最为常用的传统方法之一。例如，铁力木与铁刀木，巴里黄檀与奥氏黄檀，楠木与樟木等，很多情况下都是根据木材纹理的特征来确定。

四法　气味（闻）。由于木材中含有各种挥发油、树脂、树胶、芳香油其他物质，所以随树种的不同产生各种不同的气味，人们利用这些不同的气味鉴别木材。例如，花梨木具有浓郁的清香气味，降香黄檀（俗称"黄花梨"）具有浓郁的辛辣香气，酸枝木具有浓淡不同的酸气味。

五法　声音（敲）。利用刀斧等工具，通过不同的敲击声鉴别木材，包括悦耳、无杂音、沉音、脆音、杂音等，根据敲击声的不同鉴别木材。

除此之外，还有许多民间方法、习惯方法、传统方法等，都是根据人们在长期木材生产、贸易、学习和研究过程反复实践摸索、总结经验而形成的木材鉴别方法。它是以经验为手段，有时有效，但有的时候仅作为参考。总之，将经验与专业相结合才能获得科学的结论。

## （二）专业鉴别

木材的专业鉴别是指采用木材鉴别的专业技术和知识、专业工具、标准方法鉴别木材种类的方法。木材专业鉴别通常分为宏观鉴别和微观鉴别两种方法，在鉴别木材过程中，有时利用经验方法和宏观方法能确定结果的，可不必利用微观方法，若确定有困难的，才采用微观方法。主要是由于微观方法需要用到显微镜等仪器和木材切片等，操作过程较宏观方法更复杂，需要的时间也更长，且需要专业的仪器。

### 1. 宏观鉴别

主要是利用人们的肉眼或10倍放大镜观察木材宏观构造特征鉴别木材种类的过程。主要步骤及方法：

（1）抽取木材样本。在需要鉴别的同类木材中抽取能满足鉴别要求的样本，具体可参照木材鉴别相关标准进行。

（2）准备鉴别工具。需要锋利小刀或单面刀片和10倍放大镜。

（3）确定木材样本横切面。确定与树干或木纹方向相垂直的切面。

（4）横切面切削。用锋利小刀或单面刀片在木样横切面上靠心材正常年轮部位平滑切削，有条件时用清水润湿。

（5）观察特征。用10倍放大镜在横切面切削平滑部位观察木材构造特征，同时观察横切面以外的其他特征，并根据观察到的特征做好记录和描述。

（6）区分种类。根据观察到的木材特征，首先区分出针叶树材和阔叶树材两大类，即：

①无管孔。不具有管孔的木材，属于针叶树材类，主要包括松科、杉科、柏科、红豆杉科、三尖杉科、南洋杉科、银杏科等的木材。再根据观察到的树脂道、早晚材、心边材、材色、木射线变化形态等特征，查出对应科、属的针叶树木材。

②有管孔。具有管孔的木材，属于阔叶树材类，主要包括除针叶树材以外所有阔叶树材。再根据观察到的管孔类型、轴向薄壁组织类型、木射线类型、有无心边材、材色、气味等查出对应科、属的阔叶树木材种类。

（7）对照标本资料。经过观察区分出针叶树材或阔叶树材种类后，为了确保鉴别结果的有效性，还要进一步对现有的木材标本和相关技术资料查验、核实，鉴别结果与标本、资料的一致性，作出木材种类的鉴别结论。

### 2.微观鉴别

通过显微镜下观察木材微观构造特征鉴别木材种类的过程。其主要是针对宏观鉴别有困难或对宏观鉴别结果的准确性有疑问，对结果没有把握的情况下采用，主要步骤和方法是在宏观基础上进行。

（1）抽取木材样本。与宏观鉴别方法相同。

（2）确定木材三切面。确定木样的横切面、径切面和弦切面三个切面，以确保获取三个切面构造特征的切片。

（3）切片。在木材样本三切面切出厚度为 $10 \sim 20\mu m$ 的三切面薄片，目前常采用的切片方法有切片机切片和徒手切片。具体采用何种切片方式，可根据个人习惯和熟练程度等情况而定。

①切片机切片（机械切片）。木材经软化处理后固定在切片机上，按所需厚度要求切出三个切面切片，并置于盛有蒸馏水的培养皿中制片（包括染色、脱水、透明）。

②徒手切片。木样无需软化处置而直接用刀具切出三个切面切片，并将薄片置于盛有蒸馏水的培养皿中制片。

（4）制片。将备好的切片按不同位置放于载玻片上，在切片上滴上中性树胶，盖上盖玻片固定。

（5）观察特征。将制备好的切片放到显微镜下观察三个切面上微观构造特征，并做好特征记录和描述，根据针叶树材和阔叶树材不同的特征区分种类。

（6）对照标本资料。经观察微观特征区分针叶树材和阔叶树材种类后，为保证结果的准确性，还需进一步与现有木材标本和相关技术资料的微观特征查验、核实，比较鉴别结果与标本、资料一致性，作出木材树种的鉴别结论。

# 第二章

## 名贵木材鉴别

# 侧柏 *Platycladus orientalis*

**木材名称**

侧柏

**木材别称**

柏、柏树、黄柏、香柏、香树。

**木材分类**

柏木科（Cupressaceae）侧柏属（*Platycladus*）。

**主要产地**

中国广布。

实物图

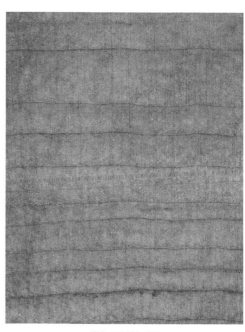

横切面体视图

## 宏观特征

针叶材。早材带宽，色浅；晚材带极窄，色深；早材至晚材渐变。心材草黄褐色至暗黄褐色，生长轮明显。轴向薄壁组织通常不见，有时因树脂溢出在横切面上呈星散状或弦列，深褐色。木射线极细，略密，放大镜下可见。柏木香气浓郁。

## 微观构造

  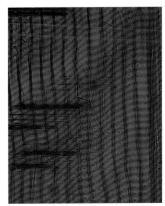

| 横切面微观构造图 | 弦切面微观构造图 | 径切面微观构造图 |

　　早材管胞圆形，径壁具缘纹孔 1 列，极少成对，纹孔口圆形，眉条明显。晚材管胞呈方形、椭圆形及多边形。纹孔口透镜形。轴向薄壁组织少，星散状及弦向带状。薄壁细胞端壁节状加厚明显，多含深色树脂。木射线单列，偶见 2 列或成对，高 1～28 个细胞，射线细胞椭圆形及长椭圆形。射线薄壁细胞与早材管胞间交叉场纹孔式为柏木型，1～4 个。

## 特性及用途

　　木材气干密度约 $0.61g/cm^3$。结构细而均匀。强度、硬度中等，干缩小，尺寸稳定性好，耐腐性强，加工容易。主要适用于建筑桥梁、雕刻制品、文具等。

## 保护级别

　　《世界自然保护联盟濒危物种红色名录》（IUCN）NT（近危）级。

### 树木文化

　　侧柏木材香气浓郁，油性感强，心材深褐色，故称"香柏"或"香树"。市场工艺品有用其充当"沉香木"制作的手串。

# 红豆杉 *Taxus chinensis*

**木材名称**

红豆杉

**木材别称**

紫杉、杉柏、榧子木、血柏、血柴、观音杉。

**木材分类**

红豆杉科（Taxaceae）红豆杉属（*Taxus*）。

**主要产地**

中国西南、西北、华南及东北地区等。

实物图

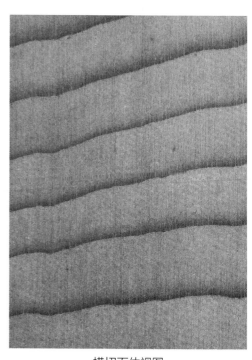

横切面体视图

**宏观特征**

　　针叶材。心材深红褐色或紫红褐色，生长轮明显，早材带浅黄色，晚材带红褐色或深褐色。轴向薄壁组织不见，木射线很细，放大镜下略明显。

## 微观构造

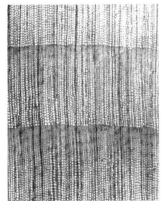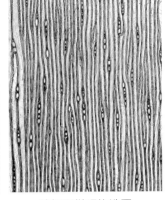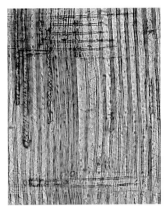

| 横切面微观构造图 | 弦切面微观构造图 | 径切面微观构造图 |

早材管胞不规则多边形及方形，晚材管胞长方形、方形。胞壁上螺纹加厚甚明显，排列倾斜，径向胞壁具缘纹孔1列，极少2列。轴向薄壁组织缺乏。木射线单列，高3～10个细胞，射线薄壁细胞与早材管胞间交叉场纹孔式为柏木型。

## 特性及用途

木材气干密度0.60～0.76g/cm³。木材强度、硬度中略大，加工容易，结构细致，韧性强，耐腐力强，尺寸稳定性好。主要适用于高级家具、乐器、雕刻制品等。

## 保护级别

《世界自然保护联盟濒危物种红色名录》（IUCN）EN（濒危）级；

《濒危野生动植物种国际贸易公约》（CITES）附录 II 管制树种；

中国《国家重点保护野生植物名录》一级保护树种。

## 树木文化

红豆杉是天然珍稀抗癌树种，号称"抗癌神树"。它是经过了第四纪冰川期遗留的古老树木，在地球上已有250万年历史，是名副其实的"植物大熊猫"。因其生长着宛如南国相思豆一样红艳果实而得名——红豆杉。

# 紫油木 *Pistacia weinmannifolia*

**木材名称**

紫油木

**木材别称**

清香木、香叶树、细叶楷木、细叶黄连木、虎斑木、广西黄花梨。

**木材分类**

漆树科（Anacardiaceae）黄连木属（*Pistacia*）。

**主要产地**

中国云南、四川、广西、贵州；缅甸等。

实物图

横切面体视图

**宏观特征**

  散孔材，管孔小，单个和 2～3 个径列。心材黄褐色至紫红褐色或黑褐色，常具黑色条纹。轴向薄壁组织环管状。木射线细。

## 微观构造

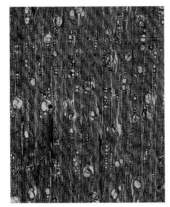

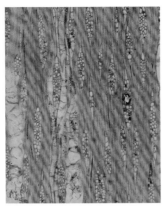

| 横切面微观构造图 | 弦切面微观构造图 | 径切面微观构造图 |

导管单管孔，2～3个（稀4个）径列复管孔，内含侵填体丰富，导管壁上螺纹加厚明显，管间纹孔式互列，单穿孔。轴向薄壁组织环管状。木射线非叠生，单列射线少，多列射线宽2～3个细胞，高10～20个细胞，射线组织异形Ⅲ型及异形Ⅱ型，射线细胞内含树胶丰富。

## 特性及用途

木材气干密度0.97～0.99g/cm³。木材强度高，硬度大，纹理细腻，花纹明显，但油性感略缺。主要适用于高级古典家具、工艺品、实木地板等。

### 树木文化

紫油木因其板材纹理、材色近似黄花梨，故称"广西黄花梨""金丝黄花梨""虎斑木"。它的树叶具有芳香气味，还可提取芳香油，故称"清香木"，其果实成熟时为红色，榨出的油则是紫红色，故称"紫油木"。

# 黄杨木 *Buxus sinica*

**木材名称**

黄杨木

**木材别称**

小叶黄杨、瓜子黄杨、千年矮、雀舌黄杨、珍珠黄杨。

**木材分类**

黄杨科（Buxaceae）黄杨属（*Buxus*）。

**主要产地**

中国广西、湖北、四川、云南、贵州、江西、浙江等。

实物图

横切面体视图

## 宏观特征

　　散孔材，管孔小，放大镜下不易见，单个分布。心边材区别不明显，木材黄色或黄褐色。轴向薄壁组织少，星散状，放大镜下难见。木射线细，放大镜下略见。

## 微观构造

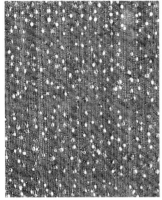 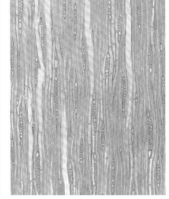 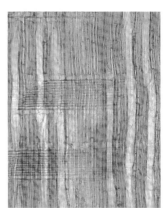

| 横切面微观构造图 | 弦切面微观构造图 | 径切面微观构造图 |

导管单管孔，导管分子梯状复穿孔，管间纹孔式对列或互列。轴向薄壁组织少，难见，星散状。木射线非叠生，单列射线少，2列为主，高5～20细胞，射线组织异形Ⅱ型。

## 特性及用途

木材气干密度0.60～0.80g/cm³。木材强度、硬度中等，质感、木纹细腻，温润如玉，具有象牙质感，耐腐、耐久性强。主要适用于工艺品、雕刻、高级镶嵌、小件高级家具等。

### 树木文化

黄杨木是一种自然生长非常缓慢的树种，记有"每岁一寸，不溢分毫，至闰年又缩一寸"，故有"千年难长黄杨木"的"千年矮"之称。

# 格木 *Erythrophleum fordii*

**木材名称**

格木

**木材别称**

铁木、斗登凤、乌鸡骨、赤叶木。

**木材分类**

苏木科（Caesalpiniaceae）格木属（*Erythrophleum*）。

**主要产地**

中国广西、广东、福建、浙江；越南等。

实物图

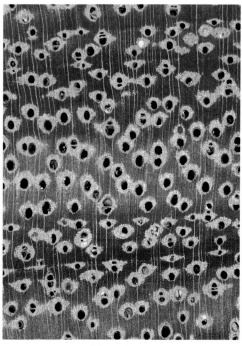

横切面体视图

**宏观特征**

　　散孔材，管孔中等，单个和 2～3 个径列。心材深红褐色或暗红褐色。轴向薄壁组织发达，翼状、聚翼状互呈不规则横斜排列。木射线细，放大镜下可见。

## 微观构造

  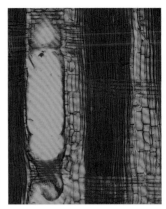

横切面微观构造图　　　弦切面微观构造图　　　径切面微观构造图

导管单管孔为主，稀 2 ～ 3 个短径列复管孔。管间纹孔式互列，单穿孔。轴向薄壁组织翼状、聚翼状。木射线非叠生或局部叠生，多列射线宽 1 ～ 2 个细胞，高 5 ～ 10 个细胞，射线组织同形单列及同形多列。

## 特性及用途

木材气干密度约 $0.88g/cm^3$。木材硬度大，强度高，耐久、耐腐、抗虫性强，加工困难。主要适用于高级古典家具、扶手、重型结构、车船、机械工业等。

## 保护级别

中国《国家重点保护野生植物名录》二级保护树种。

### 树木文化

格木质地坚硬，是中国著名硬木之一。它可导致刀、斧、锯等加工工具损坏很快，故有"铁木"之称。中国著名的广西容县"真武阁"所用的梁、柱均产自广西当地的格木，目前木料部件仍坚硬如铁，完好无损。

# 丝棉木 *Euonymus bungeanaus*

**木材名称**

卫矛

**木材别称**

桃叶卫矛、华北卫矛、明开夜合、大叶黄杨、丝绵树、银木、野杜仲。

**木材分类**

卫矛科（Celastraceae）卫矛属（*Euonymus*）。

**主要产地**

中国东北、西北、西南、华东、华南地区；俄罗斯等。

实物图

横切面体视图

**宏观特征**

　　散孔材，管孔很小，数多，放大镜下可见，单个分布为主，稀2～3个径列及弦列。木材浅黄白色至黄灰色。轴向薄壁组织未见，放大镜下难见到，木射线极细，放大镜下略见。木材纹理细腻。

## 微观构造

 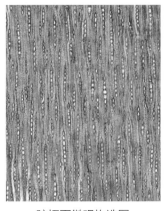 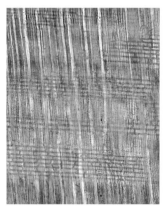

| 横切面微观构造图 | 弦切面微观构造图 | 径切面微观构造图 |

导管单管孔为主，稀 2 ~ 3 个径列或弦列复管孔或管孔团，具螺纹加厚，管间纹孔式互列，单穿孔，穿孔底壁略倾斜。轴向薄壁组织偶见星散状，木纤维壁薄，少数壁厚，具螺纹加厚。木射线非叠生，射线单列，高 5 ~ 17 个细胞，射线组织同形单列。

## 特性及用途

木材气干密度 0.52 ~ 0.57g/cm³。木材强度、硬度中等，质轻至中，干缩小，加工容易，耐腐、抗虫性能弱。主要适用于细木工雕刻、文具、玩具、绘图板、纺织器材等。

### 树木文化

丝绵树初夏开花，白天每朵小花开四瓣，夜晚来临时，花瓣闭合，故也称"明开夜合"。此外，其木材浅黄白色，木材纹理和结构细密，酷似黄杨木，市场得名"大叶黄杨"。

# 金丝李 *Garcinia paucinervis*

**木材名称**

金丝李

**木材别称**

金丝木、麦贵、老木。

**木材分类**

藤黄科（Guttiferae）藤黄属（*Garcinia*）。

**主要产地**

中国广西、云南等。

实物图

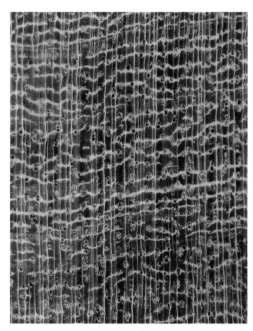

横切面体视图

**宏观特征**

　　散孔材，管孔小，单个和2～3个径列，内富含树胶。心材黄褐色或深黄褐色。轴向薄壁组织波浪式带状发达，分布均匀。木射线细，肉眼下可见，放大镜下明显。

## 微观构造

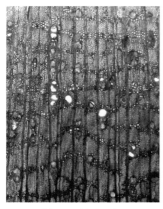 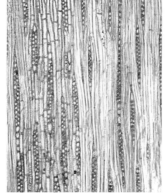 

横切面微观构造图　　　　　弦切面微观构造图　　　　　径切面微观构造图

导管单管孔，2～3个（偶4个）径列复管孔，内富含树胶。管间纹孔式互列，单穿孔。轴向薄壁组织带状，木射线非叠生，单列射线很少，多列射线为主，宽2～3个细胞，高10～20个细胞，射线组织异形Ⅱ型及异形Ⅲ型。射线细胞内含树胶。

## 特性及用途

木材气干密度约 $0.99g/cm^3$。木材材质坚硬，强度高，硬度大，加工略难，耐磨、耐久、耐腐、耐水、抗虫性能强。主要适用于古建筑、桥梁、船舶用材、高级家具、装饰、实木扶手、地板及车旋制品等。

## 保护级别

《世界自然保护联盟濒危物种红色名录》（IUCN）EN（濒危）级；
中国《国家重点保护野生植物名录》二级保护树种。

## 树木文化

金丝李为石灰岩山地特有种类，国家珍贵木材，古代主要用于建筑和船舶用材，百年不朽，是广西最著名的四大硬木之一。其木材构造特有金黄色细丝线状与金丝织物状的木材花纹，故称"金丝李"。

# 香樟 *Cinnamomum camphora*

**木材名称**

香樟

**木材别称**

小叶樟、细叶樟、红樟、樟树、樟木、乌樟。

**木材分类**

樟科（Lauraceae）樟木属（*Cinnamomum*）。

**主要产地**

中国长江流域以南各地。

实物图

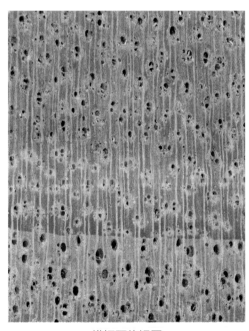

横切面体视图

## 宏观特征

　　散孔材至半环孔材，管孔中等，早材管孔略大，晚材管孔渐小，单个和 2～3 个径列或不规则列。心材红褐色或红褐紫色。生长轮之间呈深色带。轴向薄壁组织环管状。木射线细，肉眼下略见，放大镜下明显。木材新切面樟脑香气浓郁。

## 微观构造

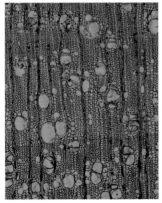
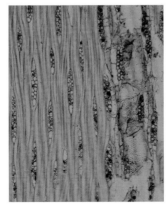
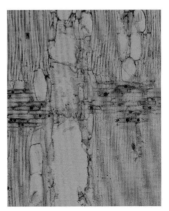

| 横切面微观构造图 | 弦切面微观构造图 | 径切面微观构造图 |

导管单管孔，2～3个径列或不规则互列。管间纹孔式互列，单穿孔及少数梯状复穿孔。油细胞甚多而大，木纤维壁薄至厚，轴向薄壁组织环管状。木射线非叠生，单列射线少，高1～6个细胞，多列射线为主，宽2～3个细胞，高8～30个细胞，射线组织异形II型或异形III型。油细胞数多，明显。

## 特性及用途

木材气干密度约 $0.58g/cm^3$。木材强度、硬度中等，耐腐、抗虫性强，加工容易。主要适用于中高档家具、雕刻等。

### 树木文化

樟树的树叶、木材具有浓郁樟脑香气。据明代李时珍解释"樟"字来源，是因为樟树木材有许多纹路，像是大有文章之意，所以就在"章"字旁加一个木字作为树名，故得名"樟树"。长期以来，人们用樟木制作箱柜等家具，除了能防虫、防腐、防异味外，还能保持家中物品的芳香气味及不受损坏。

# 楠木 *Phoebe* spp.

**木材名称**

楠木

**木材别称**

金丝楠。

**木材分类**

樟科（Lauraceae）桢楠属（*Phoebe*），常见树种有桢楠（*P. zhennan*）、闽楠（*P. bournei*）、紫楠（*P. sheareri*）、白楠（*P. neurantha*）等桢楠属树种。

**主要产地**

中国四川、贵州、云南、广西、湖北等。

实物图

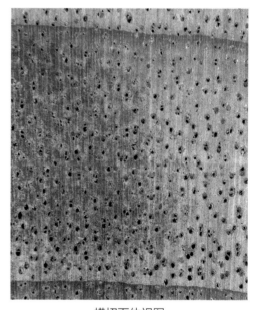

横切面体视图

**宏观特征**

　　散孔材，管孔中等，大小不均，单个和 2～3 个径列或不规则列，内富含黄白色沉积物。木材黄褐色带绿色，生长轮之间呈深色带，轴向薄壁组织环管状，木射线细，肉眼下可见。新切面芳香气味较浓郁。

## 微观构造

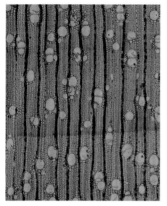
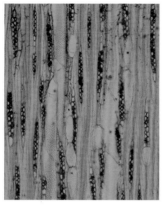
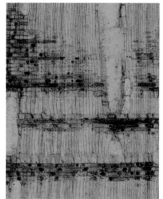

横切面微观构造图　　　　弦切面微观构造图　　　　径切面微观构造图

　　导管单管孔，2～3个（偶4个）径列或不规则列，管孔富含黄白色沉积物。管间纹孔式互列。轴向薄壁组织环管状、星散状。木射线非叠生，单列射线少，多列射线宽2～4个细胞，高6～15个细胞，射线组织异形 III 型及异形 II 型，油细胞甚多，常见于木射线两端或轴向薄壁组织中。

## 特性及用途

　　木材气干密度约 0.61g/cm³。木材强度、硬度中等，加工容易，耐腐、抗虫性能强，尺寸稳定性好。板面具山水纹理，光线下金丝至美。主要适用于箱柜类高级家具、建筑用材、装饰用材等。

## 保护级别

　　《世界自然保护联盟濒危物种红色名录》（IUCN）VU（易危）级；
　　中国《国家重点保护野生植物名录》二级保护树种。

## 树木文化

　　楠木类木材均含芳香气味，具有耐腐性强的特性，传说水不能浸，蚁不能穴，历来多用于重要的宫廷建筑以及梁柱、棺木、牌匾、家具等，经久不腐不蛀。此外，因其木材管孔内含黄白色沉积物且反光强，在黄褐色带绿色的材面呈现金黄色丝状花纹，故称"金丝楠木"。

# 水曲柳 *Fraxinus mandshurica*

**木材名称**

水曲柳

**木材别称**

大叶梣、东北梣、白蜡木、花曲柳。

**木材分类**

木樨科（Oleaceae）白蜡木属（*Fraxinus*）。

**主要产地**

中国东北、华北、西北地区；俄罗斯等。

实物图

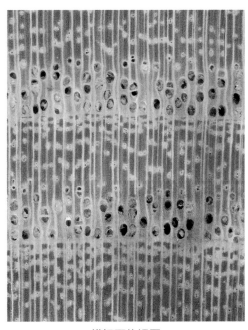

横切面体视图

## 宏观特征

环孔材，早材管孔 3～4 列，早材至晚材急变，晚材管孔单个和 2～3 个不规则径列或斜列。心材灰褐色或栗褐色，轴向薄壁组织环管状、翼状、聚翼状。木射线细，放大镜下可见。

## 微观构造

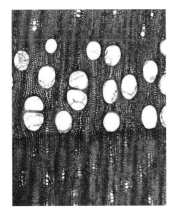
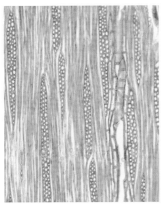
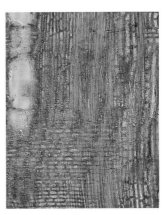

横切面微观构造图　　　弦切面微观构造图　　　径切面微观构造图

早材管孔大，3～4列，晚材管孔单管孔和2～3个径列复管孔。管间纹孔式互列，单穿孔。轴向薄壁组织环管状、翼状、聚翼状。木射线非叠生，多列为主，射线1～2列，高5～15个细胞，射线组织同形单列及多列，射线细胞内含树胶。

## 特性及用途

木材气干密度0.64～0.69g/cm³。木材强度、硬度中等略大，加工容易，耐磨、耐水湿性强，韧性大，弹性好，有良好抗震性和弯曲强度，花纹清晰美丽。主要适用于建筑、飞机、船舶、仪器、运动器材、高级装饰、高级家具、实木地板等。

## 保护级别

《濒危野生动植物种国际贸易公约》（CITES）附录Ⅲ管制树种；
中国《国家重点保护野生植物名录》二级保护树种。

### 树木文化

水曲柳是古老的遗留树种。因其材面花纹犹如石头扔进水中时水面所荡起大水波所形成美丽花纹，故名"水曲柳"。

# 降香黄檀 *Dalbergia odorifera*

**木材名称**

香枝木

**木材别称**

降香、花黎母、海南黄檀、海南黄花梨、黄花梨。

**木材分类**

蝶形花科（Papilionaceae）黄檀属（*Dalbergia*），红木，香枝木类木材。

**主要产地**

中国海南。

实物图

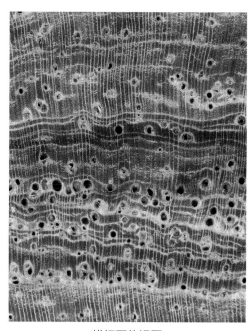

横切面体视图

## 宏观特征

散孔材至半环孔材，管孔小略中等，数量略少，单个为主，少数 2～3 个径列。心材红褐色至黄褐色、深褐色，常具黑色条纹。轴向薄壁组织翼状、聚翼状、傍管带状。木射线细，放大镜下明显。波痕明显。辛辣香气浓郁。

## 微观构造

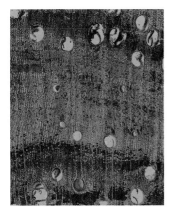
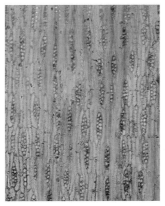
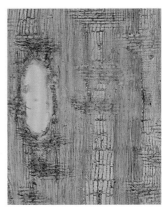

横切面微观构造图　　　　弦切面微观构造图　　　　径切面微观构造图

导管单管孔，少数 2～3 个径列复管孔。管间纹孔式互列，单穿孔。轴向薄壁组织翼状、聚翼状及傍管带状。木纤维壁厚，木射线叠生，单列射线甚少，高1～7 个细胞，多列射线宽 2～3 个细胞，高 3～14 个细胞，射线组织同形单列及多列。

## 特性及用途

木材气干密度 0.82～0.94g/cm³。木材强度高，硬度大，耐久、耐腐、抗虫性能强，尺寸稳定性佳，质感温润，纹理清晰，"鬼脸"纹明显美丽，降香气味浓郁、持久。主要适用于高级古典家具、乐器、工艺品、雕刻等。

## 保护级别

《世界自然保护联盟濒危物种红色名录》（IUCN）VU（易危）级；
中国《国家重点保护野生植物名录》二级保护树种。

## 树木文化

降香黄檀木材具有浓郁的辛辣香气，故得名"香枝木"。因其心材常为黄褐色，为了与花梨木类木材区别，称其为"黄花梨"。由于其产自海南，市场故称"海南黄花梨"，简称"海黄"。

# 小叶红豆 *Ormosia microphylla*

**木材名称**

红心红豆

**木材别称**

紫檀、黄姜丝、鸭公青。

**木材分类**

蝶形花科（Papilionaceae）红豆树属（*Ormosia*）。

**主要产地**

中国广西、广东、贵州、湖南等。

实物图

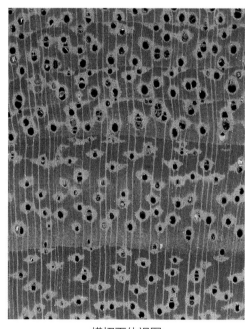

横切面体视图

## 宏观特征

　　散孔材，管孔中等，数量少，单管孔为主，少数 2 ～ 3 个径列。心材深红色至紫红色。轴向薄壁组织翼状、聚翼状及轮界状。木射线细，肉眼下可见。波痕放大镜下可见。

## 微观构造

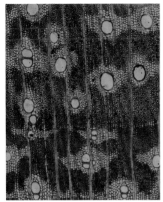

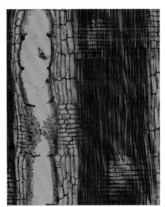

| 横切面微观构造图 | 弦切面微观构造图 | 径切面微观构造图 |

导管单管孔，稀 2 ～ 3 个径列复管孔。管间纹孔式互列，单穿孔。轴向薄壁组织翼状、聚翼状及轮界状。木纤维壁厚至甚厚。木射线略叠生，单列射线少，高 2 ～ 10 个细胞，多列射线宽 2 ～ 3 个细胞，高 7 ～ 15 个细胞，同一射线偶见 2 次多列部分，射线组织同形单列及多列。

## 特性及用途

木材气干密度 0.83 ～ 0.86g/cm³。木材强度、硬度中略大，干缩小，尺寸稳定性较好，加工容易。主要适用于古典家具、装饰、工艺品、乐器等。

## 保护级别

中国《国家重点保护野生植物名录》一级保护树种。

## 树木文化

小叶红豆木材因其材色深红，酷似"紫檀"，广西誉称"紫檀"。此外，这种树木晴天时叶子呈绿色，若叶子变红，将出现雨天，若叶子恢复绿色，就预示天气将放晴，因此，人们誉称"气象树"。

# 蚬木 *Excentrodendron hsienmu*

**木材名称**

蚬木

**木材别称**

白蚬、铁木、火果木、火木、麦隐、櫹木。

**木材分类**

椴树科（Tiliaceae）蚬木属（*Excentrodendron*）。

**主要产地**

中国广西、云南；越南等。

实物图

横切面体视图

**宏观特征**

　　散孔材，管孔很小，单个和 2 ～ 3 个径列。心材红褐色或深红褐色。轴向薄壁组织环管状，放大镜下明显。木射线细，放大镜下明显。波痕明显。

## 微观构造

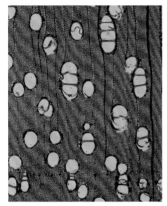
横切面微观构造图

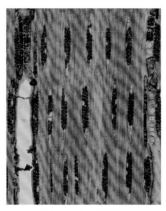
弦切面微观构造图

径切面微观构造图

导管单管孔，2～3个径列复管孔，稀管孔团，管间纹孔式互列，单穿孔。轴向薄壁组织环管状。木纤维壁厚，叠生。木射线叠生，单列射线很少，高3～15个细胞，多列射线宽2～4个细胞，高8～18个细胞，射线组织异形Ⅱ型，射线细胞富含树胶。

## 特性及用途

木材气干密度约 $1.13g/cm^3$。木材甚重硬，强度很高，硬度很大，干缩大，加工困难，耐磨、耐久、耐腐、抗虫性能强。主要适用于船舶、车辆、重型结构建筑、机械、贴板、高级古典家具等。

### 树木文化

蚬木在树木分类学家发现它时，被定名为"櫶木"，广西当地壮语称"麦隐"，意指树木横断面木心有如蚬壳环痕状，后改称"蚬木"。此外，其木材质地细腻甚坚硬，入水即沉，坚如钢铁，得名刀枪不入的钢铁木材，惯称"铁木"。

# 榉木 *Zelkova schneideriana*

**木材名称**

榉木

**木材别称**

血榉、红榉、黄榉、大叶榉、椹木。

**木材分类**

榆科（Ulmaceae）榉木属（Zelkova）。

**主要产地**

中国淮河流域、长江流域中下游以及广西、广东、云南等。

实物图

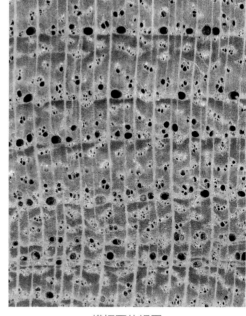

横切面体视图

**宏观特征**

环孔材，早材管孔1列，稀疏分布，早材至晚材急变，晚材管孔小，2～3个斜列，呈波浪状。心材栗褐色带黄色。轴向薄壁组织环管状。木射线细至中，肉眼下明显。

## 微观构造

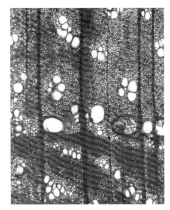 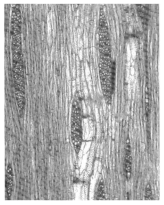 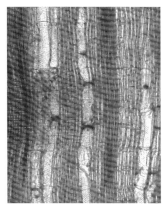

横切面微观构造图　　　　弦切面微观构造图　　　　径切面微观构造图

导管早材管孔大，疏布，晚材管孔小、团斜列。管间纹孔式互列，单穿孔，晚材内壁螺纹加厚明显。轴向薄壁组织环管状，内含菱形晶体。木射线非叠生，单列射线少，多列射线宽 4～7 个细胞，高 20～40 个细胞，鞘细胞明显，射线组织异形 III 型、同形单列及多列。

## 特性及用途

木材气干密度 0.71～0.85g/cm³。木材强度、硬度中等，耐腐、抗虫性强，承重性能、抗压性能佳。主要适用于家具、装饰、船舶、建筑、地板、木门等。

## 保护级别

《世界自然保护联盟濒危物种红色名录》（IUCN）VU（易危）级；
中国《国家重点保护野生植物名录》二级保护树种。

## 树木文化

榉木为我国南方特色树种，又称为"南榆"。在明清传统家具中，尤其在民间，使用极广，而且其造型及制作手法与黄花梨等名贵硬木制作家具时基本相同，具有较高的艺术价值和历史价值。

# 红椿 *Toona ciliata*

**木材名称**

红椿

**木材别称**

椿芽木、野椿芽、红楝子、南亚红椿。

**木材分类**

楝科（Meliaceae）香椿属（*Toona*）。

**主要产地**

中国广西、广东、云南；马来西亚等。

实物图

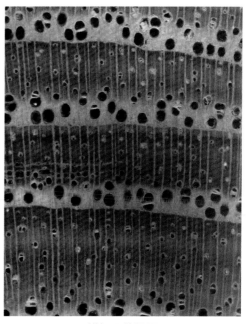

横切面体视图

## 宏观特征

环孔材，早材管孔大，1～2列，明显，晚材管孔小，单个和2～3个径列、斜列，内含红色树胶和侵填体。生长轮明显，心材红褐色。轴向薄壁组织轮界状和环管状。木射线细或略宽，肉眼下可见。具芳香气味。

## 微观构造

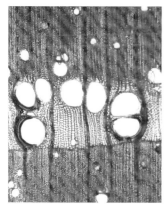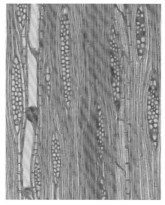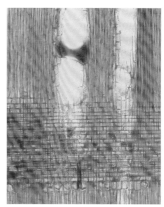

横切面微观构造图　　　　弦切面微观构造图　　　　径切面微观构造图

早材管孔 1 ～ 2 列，弦向排列，大而明显，晚材管孔单管孔和 2 ～ 3 个径列复管孔。部分含树胶。管间纹孔式互列，单穿孔。轴向薄壁组织轮界状和环管状。木纤维壁薄，分隔木纤维可见。木射线非叠生，单列射线少，高 1 ～ 8 个细胞，多列射线宽 2 ～ 5 个细胞，高 4 ～ 16 个细胞，射线组织异形 II 型及异形 III 型，部分射线细胞含树胶、菱形晶体偶见。

## 特性及用途

木材气干密度 $0.38 \sim 0.50 \text{g/cm}^3$。木材甚轻，强度很低，干缩小，易加工，抗弯性能好，花纹美观。主要适用于高级装饰板、家具、雕刻、乐器、木模等。

## 保护级别

中国《国家重点保护野生植物名录》二级保护树种。

## 树木文化

红椿木材是埋于地下数千年所形成的阴沉木，国外称为"东方神木"，极其珍贵，又有"软黄金"和"中国桃花心木"之称。

# 胶漆树 *Gluta renghas*

**木材名称**

任嘎漆

**木材别称**

红心漆、南洋漆、缅红漆、印尼花梨、尼泊尔紫檀。

**木材分类**

漆树科（Anacardiaceae）胶漆树属（*Gluta*）。

**主要产地**

亚洲的马来西亚、印度尼西亚、缅甸等。

二、东南亚木材

实物图

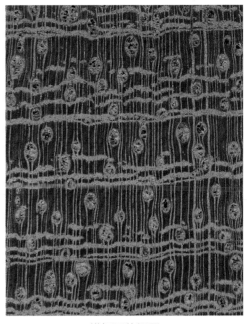

横切面体视图

**宏观特征**

　　散孔材，管孔中等略大，数少，单个为主。心材鲜红色或深红褐色。轴向薄壁组织轮界状（常为2～3轮带相近）、带状及环管状，多集于早材部分。木射线细，放大镜下可见。材身渗出的汁液易刺激人体皮肤产生瘙痒。

## 微观构造

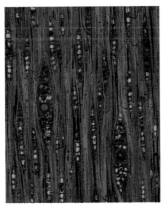
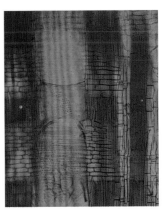

横切面微观构造图　　　　弦切面微观构造图　　　　径切面微观构造图

导管单管孔为主，少数 2 个径列复管孔，内含侵填体。管间纹孔式互列，单穿孔。木纤维壁厚，具缘纹孔明显。轴向薄壁组织发达，轮界状、带状及环管状。常见树胶，含横向树胶道纺锤形木射线。木射线非叠生，单列射线高 2 ～ 9 个细胞，射线组织同形单列。

## 特性及用途

木材气干密度 0.65 ～ 0.95g/cm³。木材强度、硬度中略大，干缩小，加工容易，含硅石，略耐腐。主要适用优质古典家具、装饰板、镶嵌板、木门、地板等。

## 保护级别

《世界自然保护联盟濒危物种红色名录》（IUCN）NT（近危）级。

### 树木文化

胶漆树木材通常有红色刺激性树液渗出，对人体皮肤有刺激性，严重时感到痛痒甚至溃烂，加工木材使用时应特别注意。此外，由于该木材色泽鲜红或深红，在印度尼西亚当地被认为是最美丽的木材，市场常称"尼泊尔紫檀"，似檀香紫檀。

# 摘亚木 *Dialium* spp.

**木材名称**

摘亚木

**木材别称**

达里豆、柚木王、南洋红檀。

**木材分类**

苏木科（Caesalpiniaceae）摘亚木属（*Dialium*）。

**主要产地**

亚洲的越南、泰国、柬埔寨、马来西亚以及南美洲、非洲等。

实物图

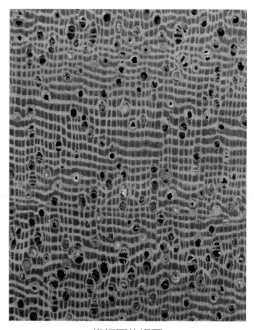

横切面体视图

## 宏观特征

散孔材，管孔小略中等，单个为主，少数 2～3 个径列，内含白色沉积物。心材浅红褐色至紫红褐色。轴向薄壁组织傍管细带状（或网状）、环管状。木射线很细，放大镜下可见。波痕放大镜下明显。

## 微观构造

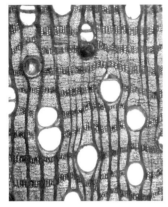 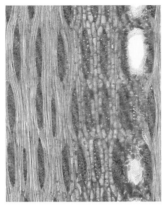 

横切面微观构造图　　　　　弦切面微观构造图　　　　　径切面微观构造图

导管单管孔，少数 2～3 个径列复管孔，内含白色沉积物。管间纹孔式互列，系附物纹孔，单穿孔。木纤维壁甚厚，轴向薄壁组织傍管带状（或网状）、环管状，带状细，间距均匀。木射线叠生，单列射线很少，主为多列，宽 2～3 个细胞，高 9～26 个细胞，射线组织同形单列及多列。

## 特性及用途

木材气干密度 0.93～1.10g/cm³。木材甚重硬，强度甚高，耐腐、抗虫性强，易加工，干燥易开裂。主要适用于耐久和重型建筑、梁柱、扶手、实木地板及高级古典家具。

### 树木文化

摘亚木是高级古典家具和地板装饰用材之一，市场上常用其代替酸枝木制作高档家具，深受青睐，其原名"达里豆"源于属名 *Dialium* 中 Diali 音译"加豆"，在《东南亚木材》一书中曾译为"达里乌木"，后因乌木类木材归柿树科柿属，为与此类木材相区别，故改称"达里豆"。

# 绿穗格木 *Erythrophleum chlorostachyus*

**木材名称**

绿穗格木

**木材别称**

澳洲黄檀、澳洲金星紫檀、南美花梨、南洋紫檀。

**木材分类**

苏木科（Caesalpiniaceae）格木属（*Erythrophleum*）。

**主要产地**

大洋洲的澳大利亚、巴布亚新几内亚等。

实物图

横切面体视图

## 宏观特征

散孔材，管孔小略中等，单个和 2 ～ 4 个径列，内富含白色沉积物，部分心材管孔内含树胶。心材红褐色或深褐色微黄。轴向薄壁组织环管状、翼状，多数环绕 2 ～ 3 个管孔。木射线细，放大镜下明显，波痕可见。

## 微观构造

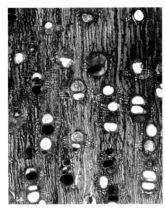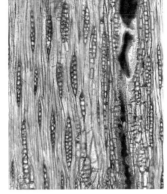

| 横切面微观构造图 | 弦切面微观构造图 | 径切面微观构造图 |

导管单管孔，2～4个径列复管孔，内含白色沉积物，管间纹孔式互列，充满红色树胶和紫檀素，单穿孔。木纤维壁厚，轴向薄壁组织环管状、翼状。木射线近叠生，单列略少，主为双列，宽2～3个细胞，高5～13个细胞，射线组织同形多列及单列。

## 特性及用途

木材气干密度约0.88g/cm³。木材强度高，硬度大，耐久、耐腐、抗虫性强，加工困难。主要适用于高级古典家具、扶手、重型结构、汽车、船舶、机械工业用材等。

### 树木文化

绿穗格木因其材面花纹、色泽、密度及油润度等性能特点，加工制品似红木类木材，故市场俗称"南美花梨""澳洲黄檀""澳洲金星紫檀"。此外，据报道，其树叶含有毒生物碱，叶子被牛、羊等动物食用会引起中毒。

# 印茄 *Intsia palembanica*

**木材名称**

印茄木

**木材别称**

菠萝格、南洋红宝、铁梨木、太平洋格木、印尼菠萝格。

**木材分类**

苏木科（Caesalpiniaceae）印茄属（*Intsia*）。

**主要产地**

亚洲的印度尼西亚、马来西亚、菲律宾、泰国以及大洋洲的斐济等。

实物图

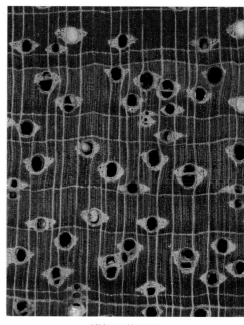

横切面体视图

**宏观特征**

　　散孔材，管孔中等，数略少，单个和 2～3 个径列，内含黄色沉积物。心材暗红褐色，常具深浅间条纹。轴向薄壁组织翼状、聚翼状（少量）及轮界状。木射线略细，放大镜下可见略明显。

## 微观构造

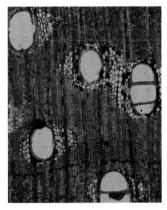
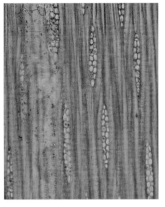
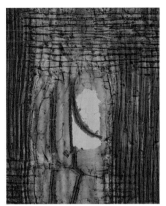

横切面微观构造图　　　　弦切面微观构造图　　　　径切面微观构造图

导管单管孔，2～3个径列复管孔。管间纹孔式互列，单穿孔。轴向薄壁组织翼状、聚翼状及轮界状。木纤维壁薄或至厚，木射线非叠生，单列射线少，高1～7个细胞，多列射线为主，宽2～3个细胞，高4～21个细胞，射线组织同形单列及多列。

## 特性及用途

木材气干密度约 0.80g/cm$^3$。木材重硬，强度高，耐久、耐腐、抗虫性强，尺寸稳定性佳，天然防腐、防虫和抗潮湿极强。主要适用于高级古典家具、楼梯扶手、木地板、木门、雕刻、重型结构等。

## 保护级别

《世界自然保护联盟濒危物种红色名录》（IUCN）NT（近危）级。

### 树木文化

印茄木生长在环境特殊的热带雨林地区，堪称木地板界的"稳定之首"，颇受人们青睐。又因其生长周期长，产量稀少，称为"木中贵族"。此外，人们认为其具有来自神明的灵性，用其雕刻制作的神明形象，被作为神明的代表。

# 甘巴豆 *Koompassia malaccensis*

**木材名称**

甘巴豆

**木材别称**

金不换、南洋红木、红菠萝格、康帕斯、门格里斯。

**木材分类**

苏木科（Caesalpiniaceae）甘巴豆属（*Koompassia*）。

**主要产地**

亚洲的马来西亚、印度尼西亚、文莱等。

实物图

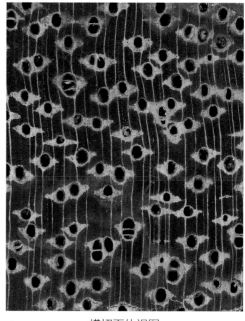

横切面体视图

**宏观特征**

散孔材，管孔小略中等，单个及 2～3 个径列。心材橘红色或红褐色。轴向薄壁组织主为翼状、聚翼状，偶见轮界状或深色带。木射线细，放大镜下明显，波痕可见。

二、东南亚木材

## 微观构造

  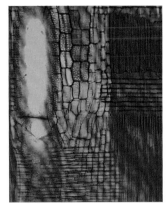

| 横切面微观构造图 | 弦切面微观构造图 | 径切面微观构造图 |

导管单管孔，少数 2 ～ 3 个（偶 4 个）径列复管孔，管间纹孔式互列，多角形，系附物纹孔，单穿孔。轴向薄壁组织翼状、聚翼状及偶见轮界状。木纤维壁甚厚，木射线叠生，单列射线甚少，高 1 ～ 11 个细胞，多列射线为主，宽 2 ～ 4个细胞，高 8 ～ 50 个细胞，射线组织异形 III 型，稀 II 型。

## 特性及用途

木材气干密度 0.77 ～ 1.10g/cm³。木材甚重硬，强度很高，耐磨、耐腐、耐潮能力强，干缩小，尺寸稳定性好，加工困难。主要适用于重型结构、高级古典家具、木地板、扶手等。

### 树木文化

甘巴豆是因学名译音"康帕斯"，谐音"金不换"，商家为了迎合消费也会改称"金不换"。同时又因似"红木"和"印茄"（菠萝格），又得名"南洋红木""红菠萝格"。

# 铁刀木 *Senna siamea*

**木材名称**

铁刀木

**红木木材名称**

鸡翅木

**木材别称**

鸡翅木、黑心木、挨刀木。

**木材分类**

苏木科（Caesalpiniaceae）决明属（*Senna*），红木，鸡翅木类木材。

**主要产地**

中国广西、广东、福建、浙江；越南等。

实物图

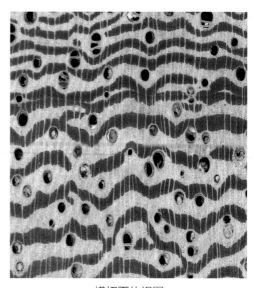

横切面体视图

**宏观特征**

　　散孔材，管孔中等，数量少，单个及 2 ～ 3 个径列。内含黑褐色树胶。心材栗褐色或黑褐色，常见深浅间条纹，弦切面鸡翅纹明显。轴向薄壁组织发达，聚翼状、傍管带状、波浪形。木射线细，放大镜下可见。

二、东南亚木材

## 微观构造

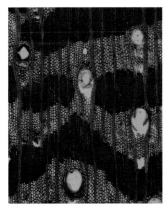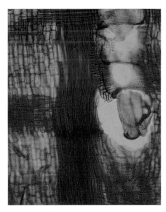

| 横切面微观构造图 | 弦切面微观构造图 | 径切面微观构造图 |

导管单管孔为主，少数 2～3 个径列复管孔。内含黑褐色树胶，管间纹孔式互列，系附物纹孔，单穿孔。轴向薄壁组织聚翼状、傍宽带状、波浪形。木纤维壁厚，木射线部分叠生，单列射线甚少，高 1～10 个细胞，多列射线为主，宽 2～4 个细胞，高 5～35 个细胞，射线组织主为同形单列及多列。

## 特性及用途

木材气干密度 0.63～1.01g/cm$^3$。木材坚硬，耐久、耐腐、抗虫性强，花纹美观。主要适用于高级古典家具、雕刻、船舶、装饰、乐器等。

### 树木文化

铁刀木因其材质坚硬，刀斧难入而得名"铁刀木"，又因其材面花纹酷似鸡翅而得名"鸡翅木"。其树枝萌芽力非常强，故薪材可常伐常有，也称"挨刀木"。木材珍贵，小树生长较快，立地要求不高，是种植和发展高档家具用材及薪材的首选树种。

# 毛榄仁 *Terminalia tomentosa*

二、东南亚木材

**木材名称**

粟褐榄仁

**木材别称**

金胡桃、金丝柚木、东南亚黑胡桃、柬埔寨黑酸枝。

**木材分类**

使君子科（Combretaceae）榄仁树属（*Terminalia*）。

**主要产地**

亚洲的缅甸、越南、泰国、柬埔寨等。

实物图

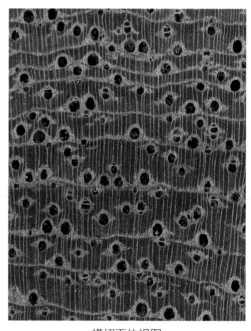

横切面体视图

**宏观特征**

　　散孔材，管孔略大，数量少，大小不均明显，单个为主，少数 2～3 个径列，具侵填体。心材浅褐色至深褐色，带深色条纹。轴向薄壁组织翼状、聚翼状及轮界状，木射线细，放大镜下可见。

## 微观构造

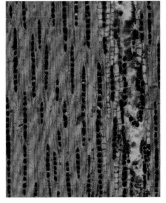

横切面微观构造图　　　　弦切面微观构造图　　　　径切面微观构造图

导管单管孔为主，少数 2～3 个径列复管孔，管间纹孔式互列，多角形，系附物纹孔，穿孔板单一，平行至略倾斜。轴向薄壁组织翼状、聚翼状及轮界状。木纤维壁厚，单纹孔或略具狭缘。木射线非叠生，单列射线高 1～12 个细胞，射线组织同形单列。

## 特性及用途

木材气干密度 $0.74 \sim 0.96 \mathrm{g/cm}^3$。木材重硬，干缩大，尺寸稳定性一般，耐腐。主要适用于高级家具、木门、装饰材料等。

### 树木文化

毛榄仁的密度、纹理等性能与黑酸枝较为相似，其色泽又似胡桃木，因此市场惯称"柬埔寨黑酸枝""东南亚黑胡桃"。

# 苏拉威西乌木 *Diospyros celebica*

**木材名称**

条纹乌木

**木材别称**

印尼黑檀、苏拉威西黑檀、乌云木、乌纹木。

**木材分类**

柿树科（Ebenaceae）柿属（*Diospyros*），红木，条纹乌木类木材。

**主要产地**

亚洲的印度尼西亚。

实物图

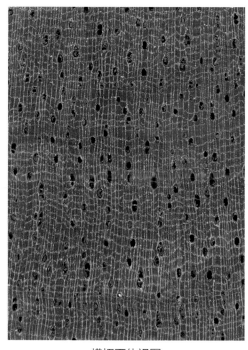

横切面体视图

**宏观特征**

散孔材，管孔小，数量少，单个及 2～3 个径列。心材黑色或黑褐色，深浅相间条纹明显。轴向薄壁组织，离管带状细短，木射线细，放大镜下可见。

## 微观构造

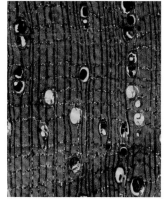

| 横切面微观构造图 | 弦切面微观构造图 | 径切面微观构造图 |

导管单管孔为主，少数 2 ～ 3 个径列复管孔，散生，内含树胶。管间纹孔式互列，单穿孔。轴向薄壁组织离管带状，木纤维壁厚，木射线非叠生，单列为主，偶 2 列，高 1 ～ 32 个细胞，射线组织异形单列。

## 特性及用途

木材气干密度约 1.09g/cm$^3$。木材强度高，硬度大，耐腐、抗虫性强，结构均匀，纹理清晰，尺寸稳定性高，主要适用于高级古典家具、工艺品、雕刻等。

## 保护级别

《世界自然保护联盟濒危物种红色名录》（IUCN）VU（易危）级。

### 树木文化

苏拉威西乌木是印度尼西亚三大国宝之一的极品木材，被称为"木中黑珍珠"。

# 菲律宾乌木 *Diospyros philippensis*

**木材名称**

条纹乌木

**木材别称**

菲律宾黑檀木、台湾乌木。

**木材分类**

柿树科（Ebenaceae）柿属（*Diospyros*），红木，条纹乌木类木材。

**主要产地**

亚洲的菲律宾、斯里兰卡；中国台湾等。

实物图

横切面体视图

**宏观特征**

　　散孔材，管孔小，数量很少，单个为主，少数 2 ～ 3 个径列。心材乌黑色或栗褐色，具深浅相间条纹。轴向薄壁组织细短带状，木射线细，放大镜下略见。

## 微观构造

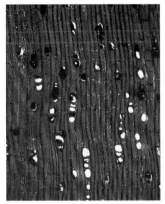
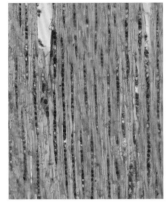

横切面微观构造图　　　　弦切面微观构造图　　　　径切面微观构造图

导管单管孔为主，少数 2～3 个径列复管孔，内含黑褐色树胶，管间纹孔式互列，单穿孔。轴向薄壁组织细短带状，木纤维壁厚，木射线非叠生，单列射线为主，偶 2 列，高 3～15 个细胞，射线组织异形单列。

## 特性及用途

木材气干密度 0.78～1.09g/cm³。木材强度高，硬度大，耐腐、抗虫性强，结构细而均匀，纹理清晰，尺寸稳定性高。主要适用于高级古典家具、工艺品、雕刻、乐器等。

### 树木文化

菲律宾乌木因材色乌黑，长期以来用于制作高档家具、工艺品、乐器，深受人们青睐，故得名红木界的"黑美人"之首。

# 乌木 *Diospyros ebenum*

**木材名称**

乌木

**木材别称**

乌纹木、黑檀、黑木、阴沉木、乌材。

**木材分类**

柿树科（Ebenaceae）柿属（*Diospyros*），红木，乌木类木材。

**主要产地**

亚洲的印度、印度尼西亚、斯里兰卡、缅甸、老挝等。

实物图

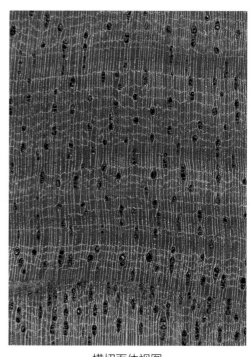

横切面体视图

**宏观特征**

　　散孔材，管孔很小，数量少，单个为主，少数 2～3 个径列。心材全部乌黑色，浅色条纹稀见。轴向薄壁组织离管短细带状，木射线细，放大镜下可见。

## 微观构造

 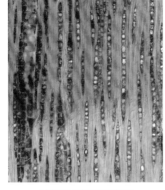 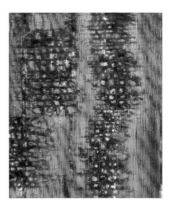

横切面微观构造图　　　　　弦切面微观构造图　　　　　径切面微观构造图

导管主为单管孔，少数 2～3 个径列复管孔，内含褐色及黑色树胶。管间纹孔式互列，单穿孔。轴向薄壁组织离管短细带状，与射线交叉互似网状。木纤维壁厚，木射线非叠生，单列射线为主（偶 2 列），高 2～30 个细胞，射线组织异形单列。

## 特性及用途

木材气干密度 0.85～1.17g/cm³。木材硬重，耐久、耐腐、抗虫能力强，润泽感极佳。主要适用于高级古典家具、工艺品、雕刻等。

## 树木文化

乌木材色自然乌黑，故称"乌木"。因其材色又似黑黄檀（黑酸枝）类木材，故又得名"黑檀"。

# 巴里黄檀 *Dalbergia bariensis*

**木材名称**

红酸枝木

**木材别称**

花酸枝、紫酸枝、老挝红酸枝、柬埔寨红酸枝、玫瑰木、巴里桑。

**木材分类**

蝶形花科（Papilionaceae）黄檀属（*Dalbergia*），红木，红酸枝木类木材。

**主要产地**

亚洲的越南、泰国、柬埔寨、缅甸、老挝等。

实物图

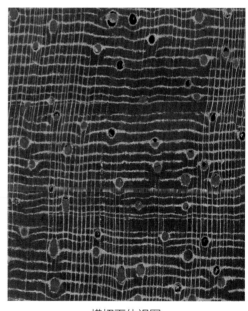

横切面体视图

## 宏观特征

散孔材，管孔略中等，数量甚少，单个为主。心材紫红褐色或暗红褐色，常具黑褐色或栗褐色细条纹。轴向薄壁组织明显，翼状、长带状，粗细均匀，与射线宽相似，并与射线交叉呈网状。木射线细长略中，放大镜下明显，波痕可见。酸香气微弱。

## 微观构造

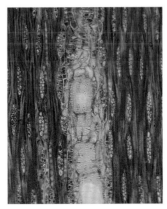

| 横切面微观构造图 | 弦切面微观构造图 | 径切面微观构造图 |

导管单管孔为主，少数径列复管孔，含深色树胶。管间纹孔式互列，系附物纹孔，单穿孔。轴向薄壁组织翼状、长带状，与射线交叉呈网状。木纤维壁甚厚，木射线叠生，单列甚少，高 2～7 个细胞，多列射线为主，宽 2～3 个细胞，高 4～10 个细胞，射线组织同形单列及多列。

## 特性及用途

木材气干密度约 1.07g/cm³。木材硬度大，强度高，耐久、耐腐、抗虫性强，尺寸稳定性佳。主要适用高级古典家具、工艺品、雕刻等。

## 保护级别

《濒危野生动植物种国际贸易公约》（CITES）附录 II 管制树种；
《世界自然保护联盟濒危物种红色名录》（IUCN）EN（濒危）级。

## 树木文化

巴里黄檀与奥氏黄檀（白酸枝）的构造、材性甚相似，人们为了与交趾黄檀、"老红木"区分，故将巴里黄檀、奥氏黄檀等酸枝木称为"新红木"。此外，因其木材材面呈明显网状花纹而美丽，而且其颜色酷似玫瑰紫色，市场故称"花酸枝""紫酸枝"，人们誉称"玫瑰木"。

# 交趾黄檀 *Dalbergia cochinchinensis*

二、东南亚木材

**木材名称**

红酸枝木

**木材别称**

大红酸枝、老挝酸枝、老红木。

**木材分类**

蝶形花科（Papilionaceae）黄檀属（*Dalbergia*），红木，红酸枝木类木材。

**主要产地**

亚洲的越南、老挝、柬埔寨、泰国等。

实物图

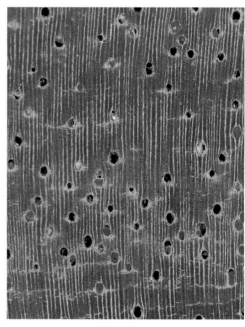

横切面体视图

**宏观特征**

散孔材，管孔小，数量略少，单个为主，少数 2 ～ 3 个径列。心材紫红褐色至暗红褐色，常具黑褐色或栗褐色深条纹。轴向薄壁组织细带状、翼状，木射线放大镜下可见。波痕可见。新切面酸香气微弱。

## 微观构造

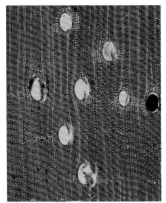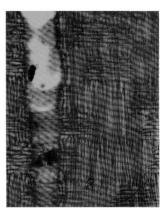

| 横切面微观构造图 | 弦切面微观构造图 | 径切面微观构造图 |

导管单管孔为主，少数 2～3 个径列复管孔，内含深色树胶，管间纹孔式互列，系附物纹孔，单穿孔。轴向薄壁组织细带状、翼状。木纤维壁甚厚，木射线叠生，单列射线较多，高 1～13 个细胞，多列射线宽 2～3 个细胞，高 6～13 个细胞，射线组织同形单列及多列。

## 特性及用途

木材气干密度 1.01～1.09g/cm³。木材强度高，硬度大，耐久、耐腐、抗虫性强，具油性感。主要适用于高级古典家具、乐器、雕刻等。

## 保护级别

《濒危野生动植物种国际贸易公约》（CITES）附录 II 管制树种；
《世界自然保护联盟濒危物种红色名录》（IUCN）CR（极危）级。

## 树木文化

交趾黄檀是进入中国年代较久远木材之一，多数产自老挝北部山区，密度大，颜色深，油性强，俗称为"黑料""老红木""大红酸枝"。

# 刀状黑黄檀 *Dalbergia cultrate*

**木材名称**
黑酸枝木

**木材别称**
缅甸黑檀、缅甸黑木、黑玫瑰木、刀状黑玫瑰木、缅甸黑酸枝。

**木材分类**
蝶形花科（Papilionaceae）黄檀属（*Dalbergia*），红木，黑酸枝木类木材。

**主要产地**
亚洲的缅甸、老挝等。

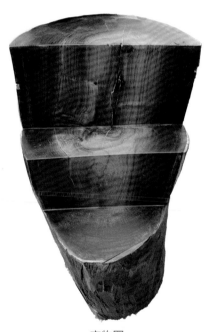

实物图

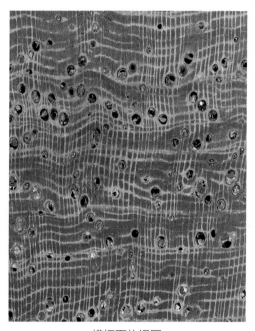

横切面体视图

**宏观特征**

　　散孔材，管孔小，数量甚少，大小不均，单个分布为主，少数 2～3 个径列。心材栗褐色至紫黑色，常见深褐色或栗褐色条纹。轴向薄壁组织发达，傍管带状、翼状。木射线，放大镜下略见。波痕可见。木材新切面具酸臭气味。

## 微观构造

| 横切面微观构造图 | 弦切面微观构造图 | 径切面微观构造图 |

导管单管孔为主，少数 2～3 个径列复管孔。管间纹孔式互列，单穿孔。轴向薄壁组织傍管带状、翼状。木纤维壁厚，木射线叠生，单列甚少，高 3～10 个细胞，多列为主，宽 2～3 个细胞，高 5～10 个细胞，射线组织同形单列及多列。

## 特性及用途

木材气干密度 0.89～1.14g/cm³。木材强度高，硬度大，耐久、耐腐、抗虫能力强。主要适用于高级古典家具、雕刻、乐器等。

## 保护级别

《濒危野生动植物种国际贸易公约》（CITES）附录 II 管制树种；

《世界自然保护联盟濒危物种红色名录》（IUCN）NT（近危）级。

### 树木文化

刀状黑黄檀因轴向薄壁组织傍管带状表现在木材弦切面上时，呈现刀状花纹而得名。人们习惯将其用于雕刻，故称"黄檀木雕"，名声享誉世界；制作的木琴、长笛等乐器，音质效果特佳，又为乐器用材之首选。

# 阔叶黄檀 *Dalbergia latifolia*

**木材名称**
黑酸枝木

**木材别称**
广叶黄檀、印尼黑酸枝、紫花梨、玫瑰木、印度花梨。

**木材分类**
蝶形花科（Papilionaceae）黄檀属（*Dalbergia*），红木，黑酸枝木类木材。

**主要产地**
亚洲的印度尼西亚、印度、越南、缅甸、斯里兰卡等。

实物图

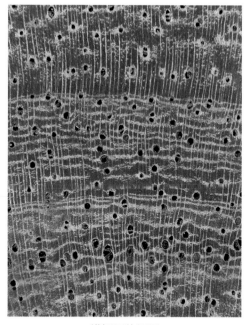

横切面体视图

**宏观特征**

　　散孔材，管孔小略中等，单个及 2～3 个径列。心材金黄褐色、黑褐色、紫褐色或深紫红色，常具醒目暗色或紫黑色宽条纹。轴向薄壁组织长翼状、聚翼状及短带状（少）。木射线放大镜下可见。波痕可见。新切面具酸香气味。

## 微观构造

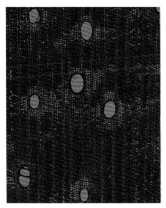
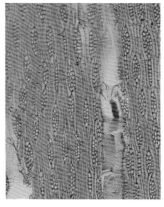
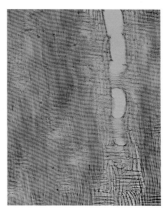

| 横切面微观构造图 | 弦切面微观构造图 | 径切面微观构造图 |

导管单管孔，少数 2 ～ 4 个径列复管孔，内含树胶。管间纹孔式互列，系附物纹孔，单穿孔。轴向薄壁组织翼状、聚翼状及短带状（少）。木纤维壁薄至略厚。木射线叠生，单列射线甚少，高 2 ～ 10 个细胞，多列为主，宽 2 ～ 3 个细胞，高 4 ～ 17 个细胞，射线组织同形单列及多列，稀异形 III 型。

## 特性及用途

木材气干密度 0.75 ～ 1.04g/cm$^3$。木材强度高，硬度大，耐腐、抗虫能力强，具油性感，尺寸稳定性良好。主要适用高级古典家具。

## 保护级别

《濒危野生动植物种国际贸易公约》（CITES）附录 II 管制树种；
《世界自然保护联盟濒危物种红色名录》（IUCN）VU（易危）级。

## 树木文化

阔叶黄檀是因新切面的酸臭气味和紫黑色带状条纹而得名。尤其此类木材其气味、颜色、光泽及尺寸稳定性具备花梨木的特征，俗称"紫花梨""印度花梨"。

# 奥氏黄檀 *Dalbergia oliveri*

**木材名称**

红酸枝木

**木材别称**

白酸枝、缅甸酸枝、缅甸黄檀。

**木材分类**

蝶形花科（Papilionaceae）黄檀属（*Dalbergia*），红木，红酸枝木类木材。

**主要产地**

亚洲的缅甸、越南、老挝、泰国等。

实物图

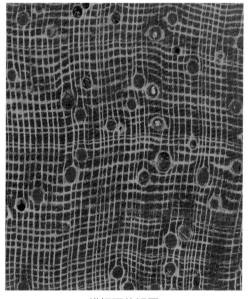

横切面体视图

**宏观特征**

　　散孔材或半环孔材，管孔中等，数量略少，大小不均，单个为主，少数 2～3 个径列。心材红褐色至深红褐色，常具黑色条纹。轴向薄壁组织翼状、长带状、粗细略均匀，与射线交叉呈网状。木射线细长略中，放大镜下可见至明显（比轴向薄壁组织带状略细）。波痕可见。酸香气微弱。

## 微观构造

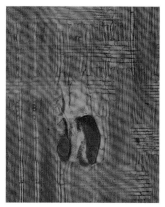

| 横切面微观构造图 | 弦切面微观构造图 | 径切面微观构造图 |

导管单管孔为主，少数 2～4 个径列复管孔，内含褐黄色至红褐色树胶。管间纹孔式互列，系附物纹孔，单穿孔。轴向薄壁组织翼状、长带状，粗细均匀。木纤维壁厚，木射线叠生，单列射线甚少，高 2～7 个细胞，多列射线为主，宽 2～3 个细胞，高 1～9 个细胞，射线组织同形单列及多列，偶见异形 III 型。

## 特性及用途

木材气干密度约 $1.00g/cm^3$。木材强度高，硬度大，耐久、耐腐、抗虫性强，油性感略次。主要适用于高级家具、工艺品雕刻、运动器具等。

## 保护级别

《濒危野生动植物种国际贸易公约》（CITES）附录 II 管制树种；

《世界自然保护联盟濒危物种红色名录》（IUCN）CR（极危）级。

## 树木文化

据说，最开始一般将缅甸瓦城和泰国所产的有比较绚丽花纹的黄檀属木材称为"化酸枝"，后简称为"花枝"，其余称为"白枝"。现在则将黄檀属红酸枝木类的奥氏黄檀称为"白枝"，黄檀属红酸枝木类的巴里黄檀称为"花枝"。

# 白花崖豆木 *Millettia leucantha*

**木材名称**

鸡翅木

**木材别称**

缅甸鸡翅木、黑鸡翅木、东南亚鸡翅木。

**木材分类**

蝶形花科（Papilionaceae）崖豆属（*Millettia*），红木，鸡翅木类木材。

**主要产地**

亚洲的缅甸、老挝、柬埔寨、泰国等。

二、东南亚木材

实物图

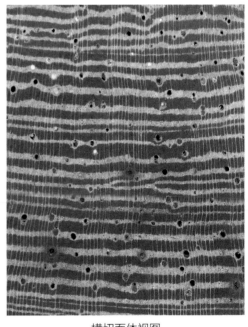

横切面体视图

**宏观特征**

　　散孔材，管孔小略中等，数量少，单个为主，少数 2 ~ 3 个径列。心材黑褐色，常具黑色条纹。轴向薄壁组织发达，傍管带状（常见两条粗细不均互列）、聚翼状。木射线细，放大镜下明显。波痕可见。

## 微观构造

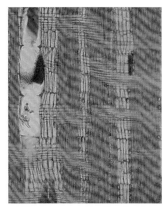

横切面微观构造图　　　　弦切面微观构造图　　　　径切面微观构造图

导管单管孔为主，少数 2～3 个径列复管孔，内含黑褐色树胶。管间纹孔式互列，系附物纹孔，单穿孔。轴向薄壁组织发达，傍管带状、聚翼状。木纤维壁厚，木射线叠生，单列射线甚少，高 3～13 个细胞，多列射线宽 2～6 个细胞，高 6～16 个细胞，射线组织同形单列及多列。

## 特性及用途

木材气干密度 0.80～1.02g/cm$^3$。木材硬度大，强度高，耐久、耐腐、抗虫性强，含沙石类物质，加工锯解困难，材面鸡翅花纹明显，十分美观。主要适用于高级古典家具、高级装饰、雕刻、梁柱、扶手等。

### 树木文化

白花崖豆木通常材面呈现形似鸡翅图案的花纹，明显且美观，故得名"鸡翅木"。因其颜色呈紫褐色或黑褐色，市场上惯称"黑鸡翅木"。

# 印度紫檀 *Pterocarpus indicus*

**木材名称**

花梨木

**木材别称**

花榈木、蔷薇木、青龙木、赤血木、羽叶檀。

**木材分类**

蝶形花科（Papilionaceae）紫檀属（*Pterocarpus*），红木，花梨木类木材。

**主要产地**

亚洲的印度、印度尼西亚、缅甸、菲律宾等。

实物图

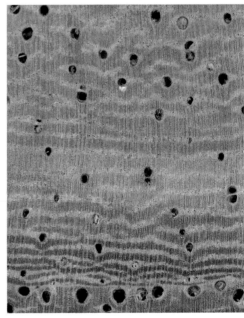

横切面体视图

**宏观特征**

　　散孔材至半环孔材，管孔小略中等，数量略少，大小不均，单个和 2 ～ 3 个径列。心材金黄色至红褐色，常具深浅相间条纹。轴向薄壁组织傍管带状、聚翼状，木射线细，放大镜下可见。波痕明显。香气浓。

## 微观构造

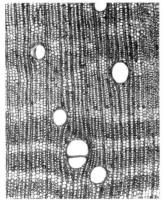

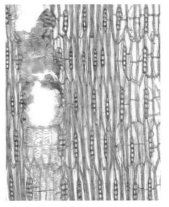
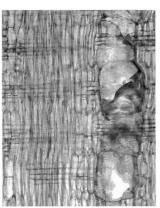

| 横切面微观构造图 | 弦切面微观构造图 | 径切面微观构造图 |

导管单管孔为主，少数 2～3 个径列复管孔，内含黄色沉积物。管间纹孔式互列，系附物纹孔，单穿孔。轴向薄壁组织聚翼状、傍管带状（略宽），波形。木纤维壁薄至厚。木射线叠生，单列射线为主（偶成对两列），高 2～9 个细胞，射线组织同形单列。

## 特性及用途

木材气干密度 0.53～0.94g/cm$^3$。木材密度、颜色变化大，强度、硬度略大，耐久、耐腐、抗虫性强，尺寸稳定性好，花纹美丽。主要适用于高级家具、乐器、车船装饰板、高级装饰等。

## 保护级别

《世界自然保护联盟濒危物种红色名录》（IUCN）EN（濒危）级。

### 树木文化

印度紫檀生长时树瘤（树包）较多，材面花纹变化多样。此外，又因砍伐或锯切木材常会流出紫色汁液，人们惯称"赤血木"。

# 大果紫檀 *Pterocarpus macrocarpus*

**木材名称**

花梨木

**木材别称**

缅甸花梨、缅花、香红木、香花梨、草花梨。

**木材分类**

蝶形花科（Papilionaceae）紫檀属（*Pterocarpus*），红木，花梨木类木材。

**主要产地**

亚洲的缅甸、老挝、柬埔寨、泰国等。

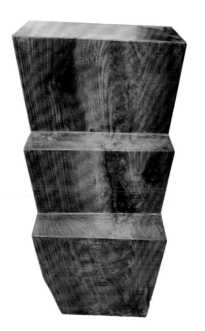

实物图

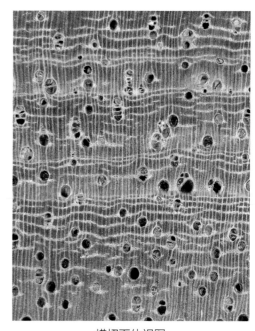

横切面体视图

## 宏观特征

散孔材至半环孔材，管孔略中等，数量少，大小不均，单个和 2 ～ 3 个径列。心材砖红色或红褐色至紫红色，常具深色条纹。轴向薄壁组织聚翼状、翼状、带状。木射线细，放大镜下可见。波痕明显，香气浓郁。

## 微观构造

横切面微观构造图

弦切面微观构造图

径切面微观构造图

导管单管孔，2～3个径列复管孔，常具黄色沉积物。管间纹孔式互列，系附物纹孔，单穿孔。轴向薄壁组织带状、聚翼状、翼状。木纤维壁厚，木射线叠生，单列射线为主（偶成对两列），高3～11个细胞，射线组织同形单列。

## 特性及用途

木材气干密度0.80～1.01g/cm³。木材硬度、强度中等，耐腐、抗虫性强，尺寸稳定性佳，油性强。主要适用高级古典家具、雕刻、乐器等。

## 保护级别

《世界自然保护联盟濒危物种红色名录》（IUCN）EN（濒危）级。

## 树木文化

大果紫檀是因材面通常呈现深浅相间花纹，酷似花狐狸皮花纹而得名"花梨木"（狸的同音）。因其在花梨木当中香气浓郁，颜色明显，砖红色至红褐色，人们惯称"香花梨"和"香红木"。

# 檀香紫檀 *Pterocarpus santalinus*

**木材名称**

紫檀木

**木材别称**

小叶檀、小叶紫檀、金星紫檀、牛毛纹紫檀、印度小叶紫檀、赤檀。

**木材分类**

蝶形花科（Papilionaceae）紫檀属（*Pterocarpus*），红木，紫檀木类木材。

**主要产地**

亚洲的印度等。

实物图

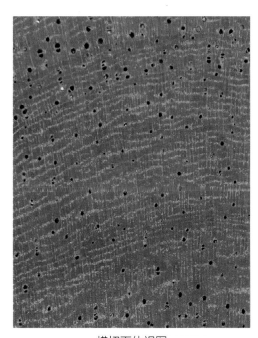

横切面体视图

**宏观特征**

　　散孔材，管孔小，数量少，单个为主，少数 2～3 个径列，管孔富含红紫色树胶。心材深紫色或黑紫色，常具黑紫色条纹，浸提液具荧光反应。轴向薄壁组织翼状、聚翼状及带状。木射线很细，放大镜下可见。波痕略见。香气微弱。

## 微观构造

横切面微观构造图　　　　弦切面微观构造图　　　　径切面微观构造图

　　导管单管孔，少数 2～3 个径列复管孔，内含深色树胶。管间纹孔式互列，系附物纹孔，单穿孔。轴向薄壁组织翼状、聚翼状及傍管带状，波浪形。木纤维壁厚，木射线叠生，单列射线为主（偶成对两列），高 2～7 个细胞，射线组织同形单列。

## 特性及用途

　　木材气干密度 $1.05～1.26g/cm^3$。木材坚硬，密度大，入水即沉，耐久、耐腐、抗虫性强，油性感佳，尺寸稳定性强，划纸紫红色明显。主要适用于高级古典家具、工艺品、乐器、雕刻等。

## 保护级别

　　《濒危野生动植物种国际贸易公约》（CITES）附录 II 管制树种；
　　《世界自然保护联盟濒危物种红色名录》（IUCN）EN（濒危）级。

### 树木文化

　　檀香紫檀因其染色性能享誉世界。此外，天然紫檀木生长缓慢，长久的野生木材通常存在空洞，故有"十檀九空"之说，其木材富含紫色树胶，人们常在材面上见到红色闪亮的树胶颗粒和卷曲的木纹，民间又有"金星紫檀""鸡血紫檀""牛毛纹紫檀"之称。

# 铁力木 *Mesua ferrea*

**木材名称**

铁力木

**木材别称**

东京木、格木、铁梨木、铁栗木、铁棱木、铁乌木、三角子。

**木材分类**

藤黄科（Guttiferae）铁力木属（*Mesua*）。

**主要产地**

亚洲的印度、斯里兰卡、越南、泰国；中国云南、广西、广东等。

实物图

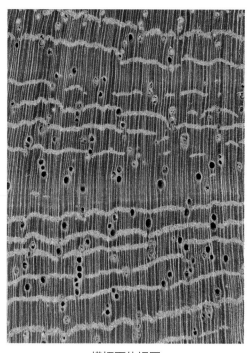

横切面体视图

**宏观特征**

　　散孔材，管孔略小，单个和 2 ～ 3 个径列。心材暗红褐色，轴向薄壁组织环管状、离管带状部分断续。木射线细，放大镜下略明显。

### 微观构造

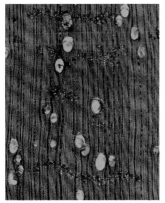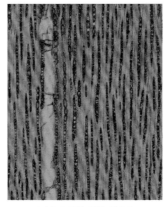

| 横切面微观构造图 | 弦切面微观构造图 | 径切面微观构造图 |
|---|---|---|

导管单管孔为主，少数 2 ～ 3 个径列复管孔。管间纹孔式互列，单穿孔。轴向薄壁组织环管状、离管带状。木射线非叠生，射线单列为主，稀对列或 2 列，高 3 ～ 30 个细胞，射线组织异形 II 型及 III 型。

### 特性及用途

木材气干密度约 $1.08g/cm^3$。木材强度高，硬度大，耐磨、耐腐、抗电性极强，加工困难。主要适用于高级古典家具、乐器、扶手、雕刻以及重型结构等特种工业用材等。

### 树木文化

铁力木是明清家具用材中的七大硬木之一，人们惯称"铁木"。在广东一带惯称"东京木"，据历史记载，中法战争后，1886 年，越南从中国保护国变为法国殖民地，北圻首府河内被定名为"东京"，把"东京"濒临的与中国接壤海域命名为"东京湾"，即"北部湾"，这就是广东将来自越南中部、北部东京湾的铁力木称为"东京木"的缘由。

# 坤甸铁樟木 *Eusideroxylon zwageri*

**木材名称**

坤甸铁樟木

**木材别称**

铁木、坤甸木、柚檀。

**木材分类**

樟科（Lauraceae）铁樟属（*Eusideroxylon*）。

**主要产地**

亚洲的马来西亚、印度尼西亚、菲律宾。

实物图

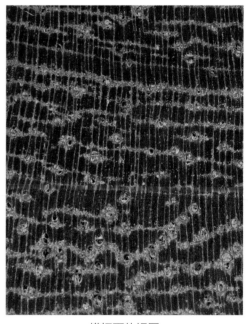

横切面体视图

**宏观特征**

　　散孔材，管孔中等，单个和 2～3 个径列，内含白色沉积物，放大镜下明显。心材黄褐色至暗褐色。轴向薄壁组织环管状、翼状和聚翼状以及不规则弦向带状。木射线细，放大镜下可见。生材具柠檬气味。

## 微观构造

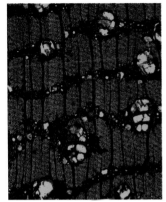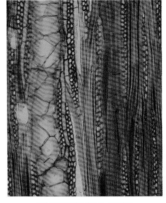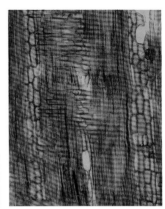

横切面微观构造图　　　　　弦切面微观构造图　　　　　径切面微观构造图

导管单管孔，2～3个径列复管孔，内富含侵填体。管间纹孔式互列，单穿孔。轴向薄壁组织环管状、翼状、聚翼状以及不规则弦向带状。木纤维壁厚至甚厚，木射线非叠生，多列射线宽2～3个细胞，高5～70个细胞，射线组织异形III型。

## 特性及用途

木材气干密度1.00～1.20g/cm³，木材甚重硬，强度甚高，硬度甚大，耐潮湿、耐腐、抗虫性极强，具油性感。主要适用于重型结构、桥梁、船舶、家具等。

## 保护级别

《世界自然保护联盟濒危物种红色名录》（IUCN）VU（易危）级。

### 树木文化

坤甸铁樟木从印度尼西亚坤甸进口较多，故惯称"坤甸木"。因其材质甚坚硬，耐潮湿、耐腐、抗虫能力极强，沿海一带用于制作造船龙骨，性能极佳，因此，常用于制作龙舟，反复使用，百年不腐，反而越用质地越坚硬。

# 木荚豆 *Xylia xylocarpa*

**木材名称**

木荚豆

**木材别称**

金车木、金车花梨、红花梨木、品卡多。

**木材分类**

含羞草科（Mimosaceae）木荚豆属（*Xylia*）。

**主要产地**

亚洲的印度、泰国、缅甸、柬埔寨等。

实物图

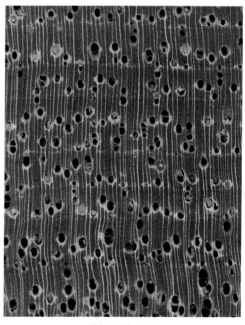

横切面体视图

**宏观特征**

　　散孔材，管孔中等，数量略少，大小不均，单个和 2～3 个径斜列，内含深色树胶或白色沉积物。气温高时常溢出材面产生油腻或蜡质感。心材红褐色，常具深色带条纹。轴向薄壁组织环管状，偶似轮界状。木射线细，放大镜下可见。

## 微观构造

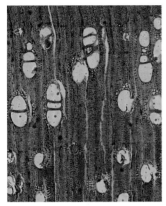

| 横切面微观构造图 | 弦切面微观构造图 | 径切面微观构造图 |

导管单管孔，少数 2～4 个径斜列复管孔，内含树胶或沉积物，管间纹孔式互列，单穿孔。轴向薄壁组织环管状、翼状及轮界状（少）。木纤维壁甚厚，木射线非叠生，单列射线很少，高 3～30 个细胞，多列射线（2 列）为主，宽 2 个细胞，高 7～44 个细胞（个别很高）。射线组织同形单列及多列。

## 特性及用途

木材气干密度 1.00～1.18g/cm³。木材强度甚高，干缩小，加工困难，耐腐、抗虫能力强，尺寸稳定性好，油性感、蜡性感强。主要适用于重型结构、车船、高级古典家具、木地板、扶手等。

### 树木文化

木荚豆因材色、纹理酷似花梨木，最早被人们充当花梨木使用，故称"金车花梨""红花梨木"。此外，由于其管孔内富含胶状物质，木材油性感、蜡性感极佳，用其制作的产品，极具美感及收藏价值，深受消费者喜爱。

# 长叶鹊肾树 *Streblus elongatus*

**木材名称**

鹊肾树

**木材别称**

鸡子、鸡仔、莺哥果、大叶黄花梨。

**木材分类**

桑科（Moraceae）鹊肾树属（*Streblus*）。

**主要产地**

亚洲的印度尼西亚、越南、泰国等。

实物图

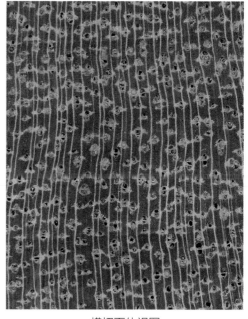

横切面体视图

**宏观特征**

　　散孔材，管孔小至中等，数量略少，单个和 2～3 个径斜列，内富含侵填体等沉积物。心材暗黄褐色或巧克力褐色，具深色条纹。轴向薄壁组织翼状、聚翼状。木射线细长，放大镜下明显。

## 微观构造

 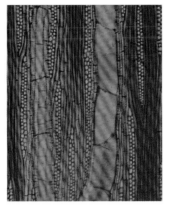 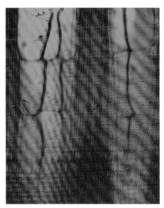

横切面微观构造图　　　弦切面微观构造图　　　径切面微观构造图

导管单管孔，2～3个径斜列复管孔，内含侵填体。管间纹孔式互列，密，多角形，穿孔板单一，平行或略倾斜。轴向薄壁组织翼状、聚翼状。木纤维壁甚厚，木射线非叠生，单列射线甚少，高25个细胞，多列射线宽2～4个细胞，高5～60个细胞，同一射线有时出现两次多列部分，射线组织异形 III 型，稀异形 II 型或异形多列。

## 特性及用途

木材气干密度约 0.97g/cm$^3$。木材重硬，干缩甚小，耐久、耐腐和抗虫、抗蚁性能强，质感细腻、花纹美观。主要适用于重型结构用材、地板、高级家具、工艺品等。

### 树木文化

长叶鹊肾树自然生长于印度尼西亚，环境、气候多变，伴生于金矿、铜矿矿脉上。其成材时间长，颜值及名贵感给人们以"金子"般的感受。其密度、油性不亚于檀香紫檀，花纹鬼脸极似黄花梨，故市场得名"人叫黄花梨"。

# 檀香木 *Santalum album*

**木材名称**

檀香木

**木材别称**

白檀、檀香。

**木材分类**

檀香科（Santalaceae）檀香属（*Santalum*）。

**主要产地**

亚洲的印度、印度尼西亚以及大洋洲的澳大利亚、斐济等。

实物图

横切面体视图

**宏观特征**

散孔材，管孔很小，单个分布为主，放大镜下可见。心材浅黄褐色或淡红褐色。轴向薄壁组织环管状、短弦线状，放大镜下可见。木射线很细，放大镜下可见。檀香气味浓郁、醇厚。

## 微观构造

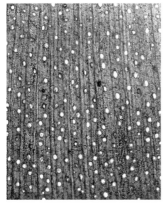
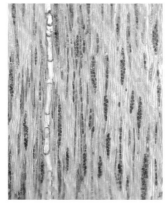

| 横切面微观构造图 | 弦切面微观构造图 | 径切面微观构造图 |

　　导管单管孔，少数 2 个横斜列复管孔。管间纹孔式互列，单穿孔。轴向薄壁组织环管状、短弦线状可见。木纤维壁薄至厚。木射线非叠生，单列射线高 2～6 个细胞，多列射线宽 2～3 个细胞，高 5～12 个细胞，射线组织同形单列及多列，异形 II 型及 III 型。

## 特性及用途

　　木材气干密度 0.87～0.97g/cm³。木材质地细腻、坚硬，具油性感，尺寸稳定性佳、耐腐、抗虫性强。主要适用于佛教用品、高级工艺品、雕刻等。

## 保护级别

　　《世界自然保护联盟濒危物种红色名录》（IUCN）VU（易危）级。

### 树木文化

　　檀香木因其广泛用于佛教用品，被称为"佛树"。长期以来，有人传言，其有招财辟邪功能，被誉为"招财之树"。其木材具有极高价值，又象征着高贵与权位，市场誉为"黄金之树"。

# 柚木 *Tectona grandis*

**木材名称**

柚木

**木材别称**

胭脂木、血树、麻栗木、泰柚、紫柚木。

**木材分类**

马鞭草科（Verbenaceae）柚木属（*Tectona*）。

**主要产地**

中国广西、广东、福建、浙江；越南等。

二、东南亚木材

实物图

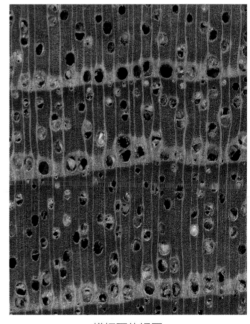

横切面体视图

## 宏观特征

环孔材，早材管孔 1～2 列，晚材管孔单个和 2～3 个径列，早材到晚材略急变，管孔内富含侵填体。心材金黄褐色，具油性感。轴向薄壁组织环管状、轮界状。木射线细，放大镜下明显。

## 微观构造

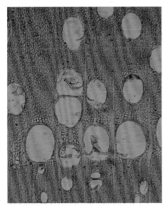
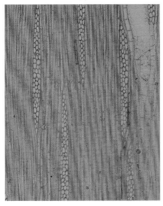
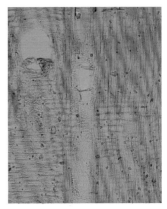

横切面微观构造图　　　　弦切面微观构造图　　　　径切面微观构造图

导管早材管孔 1～2 列，晚材单管孔及 2～3 个径列复管孔，管孔内多含白色沉积物和侵填体，管间纹孔式互列，单穿孔。轴向薄壁组织环管状、轮界状。木纤维普遍分隔。木射线非叠生，单列射线甚少，高 2～5 个细胞，多列射线宽 2～5 个细胞，高 6～58 个细胞，同一射线有时同时出现两次多列部分，射线组织同形单列及多列，稀异形 III 型。

## 特性及用途

木材气干密度 $0.58～0.67g/cm^3$。木材强度、硬度中等，干缩小，尺寸稳定性佳，耐腐、耐磨、耐火和抗虫蚁性能极强，含硅石，加工较难。油性光泽，花纹清晰、美观。主要适用于高级家具、木地板、高级装饰材料、船舶甲板等。

### 树木文化

柚木由于本身含有天然油质，耐腐、抗虫、抗蚁性强，尺寸稳定性好，花纹美观，质地油润感强等特点，是世界公认最珍贵的木材之一。在缅甸人们称之为国树，被称为"树木之王""缅甸之宝"美誉。

# 缅茄木 *Afzelia* spp.

**木材名称**

缅茄木

**木材别称**

菠萝格、非洲菠萝格、成复台。

**木材分类**

苏木科（Caesalpiniaceae）缅茄属（*Afzelia*）。常见树种有缅茄（*A. xylocarpa*）、非洲缅茄（*A. africana*）、喀麦隆缅茄（*A. bipindensis*）、安哥拉缅茄（*A. quanzensis*）。

**主要产地**

非洲的加纳、喀麦隆、科特迪亚、莫桑比克等。只有缅茄产自缅甸、泰国。

实物图

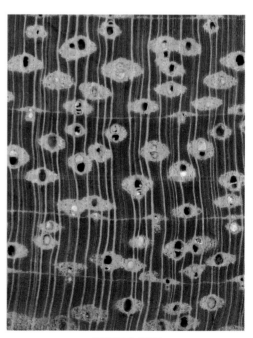

横切面体视图

**宏观特征**

散孔材，管孔小略中等，数量略少，单个为主，少数 2～3 个径列。心材褐色至暗红褐色。轴向薄壁组织翼状、聚翼状及轮界状。木射线细，放大镜下可见至明显。

三、非洲木材

## 微观构造

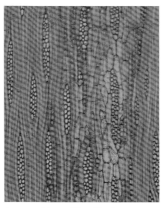

| 横切面微观构造图 | 弦切面微观构造图 | 径切面微观构造图 |

横切面微观构造图　　　　　弦切面微观构造图　　　　　径切面微观构造图

导管单管孔为主，少数 2～3 个径列复管孔，内含沉积物，管间纹孔式互列，单穿孔。轴向薄壁组织翼状、聚翼状及轮界状。木纤维壁薄至厚。木射线局部叠生，单列射线很少，多列射线为主，宽 2～3 个细胞，高 5～17 个细胞。射线组织为同形单列及多列。

## 特性及用途

木材气干密度 $0.80～0.83g/cm^3$。木材硬度大，强度高，耐久、耐腐、抗虫能力强，干缩性小，尺寸稳定性好。主要适用于重型建筑、桥梁、船舶、码头、地板、扶手及高级古典家具、雕刻等。

### 树木文化

民间长期以来就利用缅茄树木种子的蜡蒂雕刻成各种吉祥的人物和动物形象的工艺品，深受人们的喜爱。因此，一些地方的习俗中，男婚女嫁多用这种工艺品作为赠礼代表喜庆。20 世纪 50 年代，中国政府曾把缅茄蜡蒂雕刻工艺品作为"国宝"，送给外国贵宾而享誉全球。

# 鞘籽古夷苏木 *Guibourtia coleosperma*

**木材名称**

古夷苏木

**木材别称**

巴西花梨、巴花、小巴花、东非花梨木、玫瑰木。

**木材分类**

苏木科（Caesalpiniaceae）古夷苏木属（*Guibourtia*）。

**主要产地**

非洲的赞比亚、津巴布韦、安哥拉等。

三、非洲木材

实物图

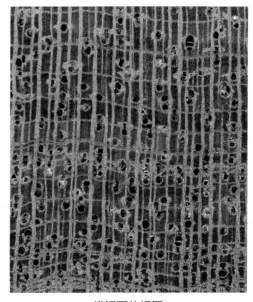

横切面体视图

**宏观特征**

散孔材，管孔小略中等，单个为主，少数 2～3 个径列，内含白色和褐色沉积物。心材黄褐色至紫红褐色，伴有深红褐色条纹。轴向薄壁组织环管状、翼状和轮界状，有时 2～3 轮相近似长离管带状。木射线有宽、窄两种，宽射线宽度与管孔直径相似，肉眼下可见。

## 微观构造

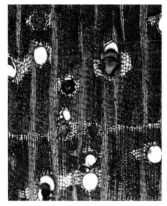 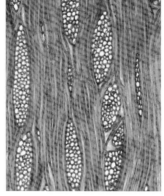 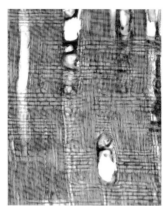

横切面微观构造图　　　　弦切面微观构造图　　　　径切面微观构造图

导管单管孔为主，少数 2～3 个径列复管孔，内含深色树胶，导管与射线间纹孔式类似管间纹孔式，单穿孔。轴向薄壁组织环管状、翼状和轮界状。木射线非叠生，单列射线稀少，多列射线宽 2～6 个细胞，高 4～20 个细胞，射线组织同形单列及多列。

## 特性及用途

木材气干密度 0.80～0.96g/cm³。木材重硬、强度高，耐腐、抗虫、抗蚁性能强，加工容易，是古夷苏木中尺寸稳定性最佳的一种。主要适用于高级古典家具、木地板、雕刻等。

### 树木文化

鞘籽古夷苏木因其材色、纹理、密度等特性与大果紫檀（缅甸花梨）极相似，市场俗称"东非花梨木"。该木材称为"小巴花"是针对木材径级比大巴花（德米古夷苏木、佩莱古夷苏木和特氏古夷苏木三种古夷苏木）较小而言。

# 特氏古夷苏木 *Guibourtia tessmannii*

**木材名称**

古夷苏木

**木材别称**

巴西花梨、巴花、大巴花、花梨木、高山花梨木、非洲花梨、红贵宝、缅甸酸枝、布宾加。

**木材分类**

苏木科（Caesalpiniaceae）古夷苏木属（*Guibourtia*）。

**主要产地**

非洲的加蓬、喀麦隆、刚果（金）等。

实物图

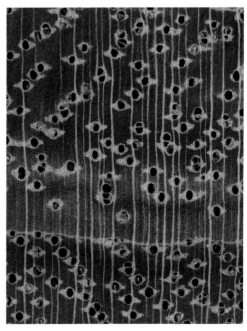

横切面体视图

**宏观特征**

　　散孔材，管孔中等，单个为主，略疏，少数 2～3 个径列。心材红褐色，常具深色条纹。轴向薄壁组织轮界状、短翼状和环管状。木射线细，放大镜下明显。

## 微观构造

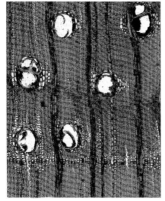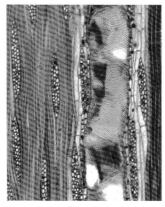

横切面微观构造图　　　　弦切面微观构造图　　　　径切面微观构造图

导管单管孔为主，少数 2 ～ 3 个径列复管孔，内含红色树胶或沉积物，管间纹孔式互列，多角形，系附物纹孔，穿孔板单一。轴向薄壁组织环管状、翼状和轮界状明显。木纤维壁甚厚，单纹孔略具狭缘。木射线非叠生，多列射线为主，宽 2 ～ 4 个细胞，高 4 ～ 20 个细胞，单列射线很少，高 2 ～ 7 个细胞，射线组织同形单列及多列。射线细胞多为多角形。

## 特性及用途

木材气干密度约 $0.91g/cm^3$，木材重硬，强度高，耐腐性强，干燥快，尺寸稳定性较好，花纹美丽。主要用于高级装饰单板、高级家具、乐器、木地板等。

## 保护级别

《濒危野生动植物种国际贸易公约》（CITES）附录 II 管制树种；
《世界自然保护联盟濒危物种红色名录》（IUCN）EN（濒危）级。

## 树木文化

特氏古夷苏木俗称"巴西花梨"（巴花）或"大巴花"，关于此木材还有以下两个说法：一是木材花纹美丽，颜色及材性近似花梨木，市场称"花梨木"，因木材来自非洲，故称"非洲花梨"。但是有的木材经营者为了垄断经营，采取"瞒天过海"手段，称只有南美洲的巴西才盛产此巨型树木，故称"巴西花梨"。二是此类木材树干巨大，因此，尊称为"树王"。

# 成对古夷苏木 *Guibourtia conjugata*

**木材名称**

古夷苏木

**木材别称**

沉贵宝、东非酸枝、二级黑檀。

**木材分类**

苏木科（Caesalpiniaceae）古夷苏木属（*Guibourtia*）。

**主要产地**

非洲中部的津巴布韦、赞比亚、莫桑比克等。

实物图

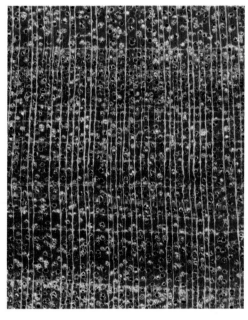

横切面体视图

## 宏观特征

散孔材，管孔小，单个和 2～3 个径列，孔内富含白色和黑色沉积物。心材灰黑褐色，深色条纹明显，轴向薄壁组织环管状、翼状、轮界状。木射线略中，放大镜下明显，粗细不均。

## 微观构造

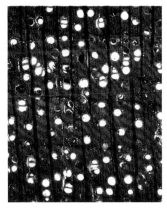
横切面微观构造图

弦切面微观构造图

径切面微观构造图

导管单管孔，2～3个径列复管孔，管间纹孔式互列，穿孔板单一。纹孔垂直为附物纹孔，纹孔缘不清晰，管孔内含黄褐色内含物。木纤维壁甚厚。轴向薄壁组织环管状、翼状、轮界状。木射线非叠生，单列射线很少，多列射线为主，宽2～4个细胞，高2～20个细胞，射线组织同形单列及多列。

## 特性及用途

木材气干密度 $0.95 \sim 1.10\mathrm{g/cm}^3$。木材重硬、强度高，易干燥，加工容易，耐久、耐腐性及抗虫、抗蚁性强。主要适用于室外建筑、高级家具、雕刻、地板等。

### 树木文化

成对古夷苏木因其小叶叶片均为2片对生，连接成对，故称"成对古夷苏木"。其材色灰黑色或黑褐色，市场得名"沉贵宝"或"二级黑檀"，木材纹理等近似酸枝木，市场称"东非酸枝"。

# 小鞋木豆 *Microberlinia brazzavillensis*

**木材名称**

小鞋木豆

**木材别称**

大斑马木、乌金木、麦哥利。

**木材分类**

苏木科（Caesalpiniaceae）小鞋木豆属（*Microberlinia*）。

**主要产地**

非洲的加蓬、喀麦隆等。

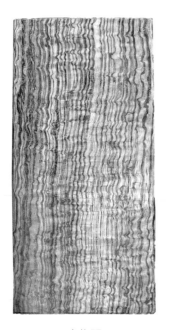

实物图

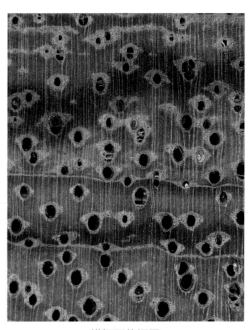

横切面体视图

**宏观特征**

散孔材，管孔中等略大，数量少，单个和 2～3 个径列。心材黄褐色至黑褐色，具明显深浅相间带状条纹。轴向薄壁组织短翼状（多）、聚翼状（少）、轮界状。木射线很细，放大镜下可见。

## 微观构造

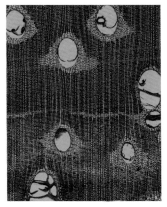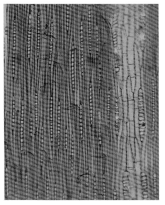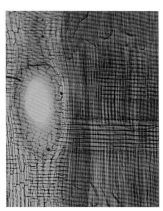

| 横切面微观构造图 | 弦切面微观构造图 | 径切面微观构造图 |

　　导管单管孔为主，少数 2 ～ 3 个径列复管孔，管间纹孔式互列，单穿孔。轴向薄壁组短翼状（多）、聚翼状（少）、轮界状。木纤维壁薄至厚。单纹孔略具狭缘。木射线非叠生，单列射线高 8 ～ 14 个细胞，射线组织异形单列。

## 特性及用途

　　木材气干密度 0.73 ～ 0.88g/cm³，木材硬度、强度中等略大，加工容易，尺寸稳定性较差，韧性大，耐腐、抗虫性能中等。主要适用于高级古典家具、工艺品、运动器材等。

## 保护级别

　　《世界自然保护联盟濒危物种红色名录》（IUCN）VU（易危）级。

## 树木文化

　　小鞋木豆同苏木科的鞋木属、赛鞋木豆属木材的木材特征、颜色形态相似，在板面形成明显的黑白相间带状条纹，似斑马花纹，故称"斑马木"，固其斑马纹相对较粗，又称"大斑马木"。

# 赛鞋木豆 *Paraberlinia bifoliolata*

**木材名称**

赛鞋木豆

**木材别称**

黑檀、小斑马木、斑马柚、乌金木。

**木材分类**

苏木科（Caesalpiniaceae）赛鞋木豆属（*Paraberlinia*）。

**主要产地**

非洲的加蓬、喀麦隆、赤道几内亚等。

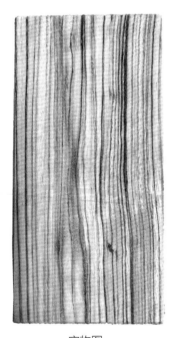

实物图

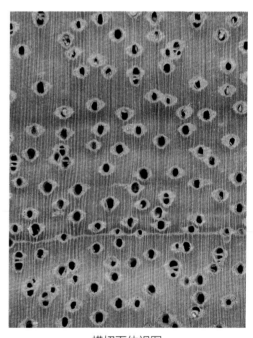

横切面体视图

**宏观特征**

散孔材，管孔中，单个和 2～3 个（偶 4 个）径列。心材黄褐色至暗褐色，具深浅相间带状条纹。轴向薄壁组织翼状、聚翼状、轮界状。木射线很细，放大镜下可见。

## 微观构造

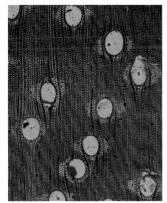

| 横切面微观构造图 | 弦切面微观构造图 | 径切面微观构造图 |

　　导管单管孔，少数 2 ～ 4 个径列复管孔。管间纹孔式互列，单穿孔。轴向薄壁组织翼状、聚翼状、轮界状。木纤维壁厚至甚厚。木射线非叠生或局部叠生，单列射线为主，高 10 ～ 15 个细胞，多列射线极少，宽 2 个细胞，高 12 ～ 20 个细胞，射线组织同形单列及多列。

## 特性及用途

　　木材气干密度 $0.73 ～ 0.88 \text{g/cm}^3$。木材硬度、强度中略高，耐腐、抗虫性能一般，加工性能良好。主要用于高级古典家具、高级装饰、工艺品、镶板等。

### 树木文化

　　赛鞋木豆同苏木科的鞋木属、小鞋木豆属木材的形态特征相似，板面形成的黑白相间带状条纹，似斑马花纹，故称"斑马木"，因其斑马纹相对较细，又称"小斑马木"。

# 风车木 *Combretum imberbe*

**木材名称**

风车木

**木材别称**

皮灰、黑檀、非洲黑檀、黑紫檀、非洲黑酸枝。

**木材分类**

使君子科（Combretaceae）风车藤属（*Combretum*）。

**主要产地**

非洲的莫桑比克、赞比亚、津巴布韦等。

实物图

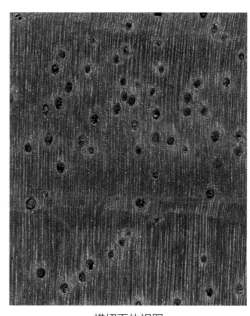

横切面体视图

**宏观特征**

　　半环孔材，早材管孔略大，晚材管孔略小，单个为主，少数 2～3 个径列，管孔内白色树胶或二氧化硅明显。心材暗褐紫色至黑紫色。轴向薄壁组织环管状、翼状、聚翼状。木射线细，肉眼下明显，射线内含大量白色结晶树胶，呈现白色点线状。

## 微观构造

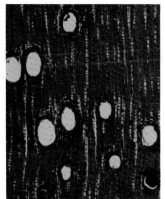

| 横切面微观构造图 | 弦切面微观构造图 | 径切面微观构造图 |

导管单管孔为主，少数 2～3 个径列、斜列复管孔，富含树胶，管间纹孔式互列，单穿孔。木纤维壁甚厚。轴向薄壁组织环管状、翼状、聚翼状。木射线非叠生，单列射线（稀 2 列），高 4～12 个细胞，射线组织同形单列及多列。

## 特性及用途

木材气干密度 0.91～1.10g/cm³。木材强度高，硬度大，耐磨、耐久、耐腐性强，加工困难。主要适用高级古典家具、高级装饰、地板、雕刻等。

### 树木文化

风车木在市场被称为"皮灰"，是因其外皮呈黑灰褐色，也称之为"黑檀"或"黑紫檀"，是因其木材颜色与条纹乌木类和黑黄檀类木材相似而取名。这种木材的管孔和木射线内富含二氧化硅等结晶物质，材面显现白色斑纹和线条花纹，光线下显耀，十分美观。

# 厚瓣乌木 *Diospyros crassiflora*

**木材名称**
乌木

**木材别称**
黑檀、加蓬乌木、非洲乌木。

**木材分类**
柿树科（Ebenaceae）柿属（*Diospyros*），红木，乌木类木材。

**主要产地**
非洲的尼日利亚、加蓬、喀麦隆、赤道几内亚等。

实物图

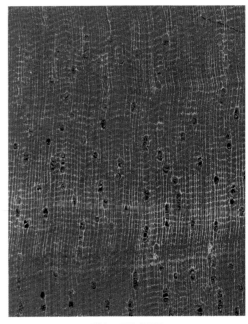

横切面体视图

**宏观特征**

散孔材，管孔小，数少，单个分布为主，少数 2～4 个径列，内含深色树胶。心材全部乌黑色。轴向薄壁组织可见断续短细带状，与木射线相交网状明显，少数疏环管状。木射线很细，放大镜下不见至略可见。

## 微观构造

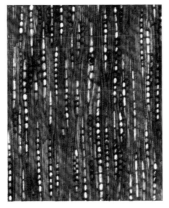

| 横切面微观构造图 | 弦切面微观构造图 | 径切面微观构造图 |

　　导管单管孔为主，少数 2～4 个径列复管孔，管孔内充满树胶，管间纹孔式互列，穿孔板单一。轴向薄壁组织断续短带状，少数环管状，带宽 1～2 个细胞。木射线非叠生，单列射线为主，偶 2 列，高 8～30 个细胞，射线组织异形单列。

## 特性及用途

　　木材气干密度约 1.05g/cm$^3$，木材甚重硬，强度高，耐腐、抗虫性能强，尺寸稳定性良好，切面具黑色光泽和油性感。主要适用于高级乐器、工艺品、高级家具雕刻等。

## 保护级别

　　《世界自然保护联盟濒危物种红色名录》（IUCN）VU（易危）级。

### 树木文化

　　厚瓣乌木生长非常缓慢，几千年才有 60cm 左右的胸径，是世界上颜色最黑的木材之一，又称"黑木"，因其黑色，油性感强，被称为"木中宝石"，市场上，因与黑黄檀颜色相近似，故得名"黑檀"。

# 螺穗木 *Spirostachys africana*

**木材名称**

螺穗木

**木材别称**

非洲檀香木、檀香花梨、东南亚黄花梨。

**木材分类**

大戟科（Euphorbiaceae）螺穗木属（*Spirostachys*）。

**主要产地**

非洲的坦桑尼亚、安哥拉等。

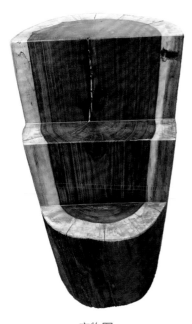

实物图

横切面体视图

**宏观特征**

　　散孔材，管孔很小，内含黑褐色树胶，单个及 2 ～ 4 个径列。心材巧克力褐色或暗黄褐色，具深色条纹。轴向薄壁组织短线状、星散状。木射线很细，放大镜下难见。木材香气浓郁。

## 微观构造

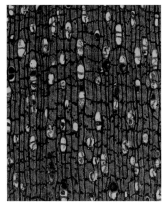  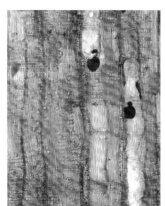

横切面微观构造图　　　　　弦切面微观构造图　　　　　径切面微观构造图

导管单管孔，2～4个（偶5个）径列复管孔，管孔内含大量深红色树胶。少数管孔团，管间纹孔多，互列，单穿孔，纹孔口裂隙状，轴向薄壁组织短线状或星散状，木纤维厚壁。木射线非叠生，单列射线为主，高7～25个细胞，射线组织同形单列，少数异形 III 型。

## 特性及用途

木材气干密度约 $0.95g/cm^3$。木材强度、硬度中等略高，耐久、耐腐性很强，尺寸稳定性好，花纹华丽，油性感强。主要适用于高级家具、高级装饰、雕刻等。

### 树木文化

螺穗木香气浓似檀香木，市场称"檀香木"，花纹似黄花梨，又称"檀香花梨"或"东南亚黄花梨"。用其制作的家具表面花纹可似俊秀山峰、涌动水波、绸缎虎皮、鬼脸闪动，手感润泽，更显富贵华丽。

# 凯尔杂色豆 *Baphia kirkii*

**木材名称**

杂色豆木

**木材别称**

非洲红酸枝、非洲酸枝、非酸。

**木材分类**

蝶形花科（Papilionaceae）杂色豆属（*Baphia*）。

**主要产地**

非洲的莫桑比克等。

实物图

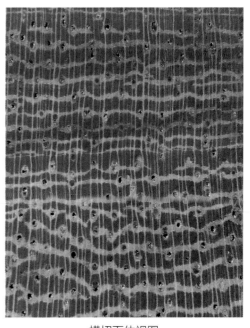

横切面体视图

**宏观特征**

　　散孔材，管孔单个和 2 ～ 3 个径列。心材红褐色至黑褐色，具深色条纹。轴向薄壁组织傍管带状、聚翼状，带间粗细明显不均，略见波形。木射线细，放大镜下明显。波痕不明显。

## 微观构造

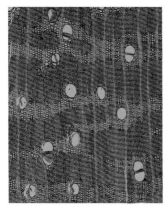

横切面微观构造图　　　　弦切面微观构造图　　　　径切面微观构造图

导管单管孔，2～3个径列复管孔。管间纹孔式互列，导管分子单穿孔。轴向薄壁组织傍管带状，聚翼状明显，宽4～14个细胞，粗细明显不均匀。木射线近似叠生，单列射线很少，高4～6个细胞，多列射线为主，宽2～3个细胞，高4～22个细胞，射线组织同形单列及多列。

## 特性及用途

木材气干密度约0.90g/cm$^3$。木材重硬，密度大，强度高，耐腐、抗虫性能强，材性稳定，加工较困难。主要适用于高级家具、乐器等。

## 保护级别

《世界自然保护联盟濒危物种红色名录》（IUCN）VU（易危）级。

### 树木文化

凯尔杂色豆因其板面花纹、颜色、密度近似酸枝木，市场俗称"非洲红酸枝"或"非洲酸枝"。

# 光亮杂色豆 *Baphia nitida*

**木材名称**

杂色豆木

**木材别称**

非洲小叶紫檀、非洲红酸枝、科檀、二号檀。

**木材分类**

蝶形花科（Papilionaceae）杂色豆属（*Baphia*）。

**主要产地**

非洲西部的科特迪瓦、塞拉利昂、利比里亚、尼日利亚等。

三、非洲木材

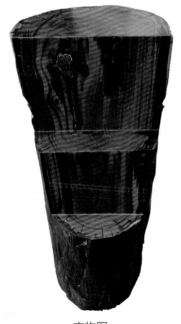

实物图

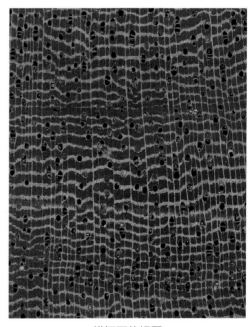

横切面体视图

**宏观特征**

　　散孔材，管孔小，数少，单个为主，少数 2～3 个径列，富含红色树胶。心材深红色或紫黑色，具深色条纹。轴向薄壁组织傍管带状发达，粗细略均匀，波形略见。木射线细，放大镜下可见或略明显。波痕不明显。

## 微观构造

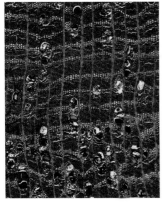

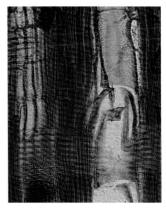

横切面微观构造图　　　　弦切面微观构造图　　　　径切面微观构造图

导管单管孔，少数 2 ～ 3 个径列复管孔，内含丰富红色树胶，管间纹孔式互列，单穿孔。轴向薄壁组织傍管带状发达（宽 3 ～ 6 个细胞）。木纤维壁甚厚，单纹孔略具狭缘。木射线近叠生，单列射线少，高 4 ～ 11 个细胞，多列射线为主，宽 2 ～ 4 个细胞，高 8 ～ 24 个细胞，射线组织同形单列及多列。

## 特性及用途

木材气干密度 $1.00 ～ 1.20\,g/cm^3$。木材甚重硬，强度很高，耐久、耐腐性及抗虫性能强。主要适用于高级家具、乐器、工艺品、雕刻等。

### 树木文化

光亮杂色豆木因长期作为红色染料而闻名，开始被应用时大量用于欧洲重要印染工业，效果卓越，而后又在北美洲等西方地区印染工业广泛使用，其木材特性也因与紫檀木相似，故市场俗称"非洲小叶紫檀"。

# 可乐豆木 *Colophospermum mopane*

**木材名称**

可乐豆木

**木材别称**

非洲红木、非洲酸枝。

**木材分类**

蝶形花科（Papilionaceae）可乐豆属（*Colophospermum*）。

**主要产地**

非洲的莫桑比克、赞比亚、津巴布韦等。

三、非洲木材

实物图

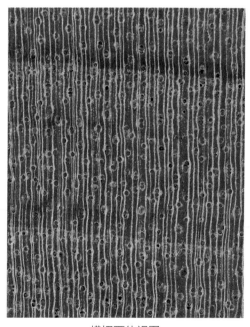

横切面体视图

**宏观特征**

　　散孔材，管孔略小，数量少，单个和 2～3 个径列，内富含树胶及侵填体。心材黄褐色或红褐色，带黑色条纹。轴向薄壁组织环管状。木射线细长，放大镜下明显。

## 微观构造

 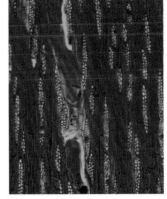 

横切面微观构造图　　　　　弦切面微观构造图　　　　　径切面微观构造图

导管单管孔，2～4个径列复管孔，管孔内充满侵填体及树胶。管间纹孔式互列，单穿孔。轴向薄壁组织环管状，稀疏。木纤维壁厚至甚厚，木射线非叠生，单列射线甚少，主为多列（2列），高7～22个细胞，射线组织同形单列及多列。

## 特性及用途

木材气干密度约1.27g/cm³，木材特重硬，强度极高，是非洲最重硬木材之一，尺寸稳定性好，耐腐、抗虫能力强，加工困难，同时具有极好的声学性能。主要适用于高级家具、地板、木管乐器、重型结构等。

### 树木文化

可乐豆木适宜在非洲极端干热和恶劣的环境中生长，更是食草动物的长期栖息场所和生活伙伴。此外，其木材因具极佳声学性能，常用于制作名贵乐器，誉称"乐器良材"。

# 东非黑黄檀 *Dalbergia melanoxylon*

**木材名称**

黑酸枝木

**木材别称**

非洲黑檀、紫光檀、黑紫檀、黑檀。

**木材分类**

蝶形花科（Papilionaceae）黄檀属（*Dalbergia*），红木，黑酸枝木类木材。

**主要产地**

非洲的莫桑比克、坦桑尼亚、肯尼亚等。

实物图

横切面体视图

**宏观特征**

　　散孔材，管孔小，数量少，大小不均，单管孔为主，少数 2～3 个径列。心材黑褐色或黄紫褐色，常带黑色条纹。轴向薄壁组织翼状和断续带状。木射线细，放大镜下可见。波痕可见。酸香气很微弱或无。

## 微观构造

横切面微观构造图　　　　弦切面微观构造图　　　　径切面微观构造图

导管单管孔为主，少数 2 ～ 3 个径列复管孔，常含深色树胶，管间纹孔式互列，系附物纹孔，单穿孔，木纤维壁甚厚。轴向薄壁组织翼状和断续带状及星散—聚合状。木射线叠生，单列射线为主，高 3 ～ 14 个细胞，多列射线很少，宽 2 个细胞，高 2 ～ 12 个细胞，射线组织同形单列及多列。

## 特性及用途

木材气干密度 1.00 ～ 1.33g/cm³；木材外形扭曲，常空心，加工极困难，出材率极低。木材甚重硬，强度很大，材性稳定，耐腐、耐久、抗虫能力很强。油性大。主要适用于与紫檀、乌木材质相近的高级家具和工艺品。

## 保护级别

《濒危野生动植物种国际贸易公约》（CITES）附录 II 管制树种；

《世界自然保护联盟濒危物种红色名录》（IUCN）NT（近危）级。

## 树木文化

东非黑黄檀外形扭曲，多为空心，加工困难，出材率极低，密度甚大，是世界最坚硬木材之一。其木材心材深紫色、黑紫色，近似乌木，质地细腻；其木纹如同名山大川，行云流水，光洁乌黑，誉为"帝王之木"。人们用酒精浸渍该木材常见有紫色，故称之为"紫光檀"。

# 卢氏黑黄檀 *Dalbergia louvelii*

**木材名称**
黑酸枝木
**木材别称**
大叶紫檀、玫瑰木。
**木材分类**
蝶形花科（Papilionaceae）黄檀属（*Dalbergia*），红木，黑酸枝木类木材。
**主要产地**
非洲的马达加斯加。

实物图

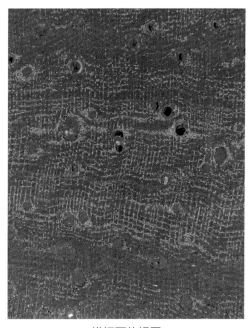

横切面体视图

## 宏观特征

散孔材，管孔小，数量甚少，单管孔为主，少数 2～3 个径列。心材深紫色或黑紫色（新切面紫红色）；轴向薄壁组织带状整齐，粗细略均匀，与射线交叉呈网状。木射线细，放大镜下可见。波痕不可见。酸香气微弱。

## 微观构造

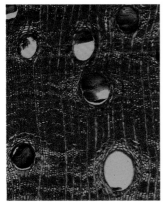
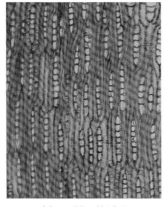
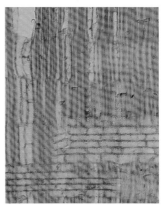

横切面微观构造图　　　弦切面微观构造图　　　径切面微观构造图

导管单管孔为主，少数 2 ～ 3 个径列复管孔，散生，管间纹孔式互列，单穿孔。导管与射线间纹孔式类似管间纹孔式。轴向薄壁组织带状明显（宽 1 ～ 2 个细胞），弦向排列整齐均匀。木纤维壁厚，叠生。木射线叠生，单列射线为主（偶 2 列），高 3 ～ 10 个细胞，，射线组织同形单列。

## 特性及用途

木材气干密度约 $0.95g/cm^3$，木材硬度大，强度高，耐腐、耐久、抗虫性能强。主要适用于高级家具和工艺品。

## 保护级别

《濒危野生动植物种国际贸易公约》（CITES）附录 II 管制树种；

《世界自然保护联盟濒危物种红色名录》（IUCN）EN（濒危）级。

### 树木文化

卢氏黑黄檀进口到中国初期，曾被定为紫檀木（檀香紫檀）进行交易，此举惊动了国际环境保护组织，并要求停止该木材的采伐和贸易，而后马达加斯加提出本国不产紫檀木，而出口到中国的深色硬木是卢氏黑黄檀，并提供了该树种全部资料。该树木生长径级比紫檀木粗大，无空心，心材黑紫色，质地坚硬，耐久、耐腐性能很强，是用作高级家具的名贵木材。此后，市场仍习惯称之为"大叶紫檀"。

# 非洲崖豆木 *Millettia Laurentii*

**木材名称**

鸡翅木

**木材别称**

非洲鸡翅木、西非鸡翅木、非洲黑鸡翅木。

**木材分类**

蝶形花科（Papilionaceae）崖豆木属（*Millettia*），红木，鸡翅木类木材。

**主要产地**

非洲的刚果（布）、刚果（金）、喀麦隆、加蓬等。

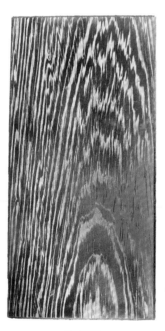

实物图

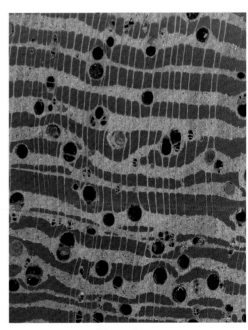

横切面体视图

**宏观特征**

　　散孔材，管孔中等略大，数量少，大小不均，单个分布，少数 2 ～ 3 个径列。心材黑褐色，具黑色条纹。轴向薄壁组织丰富，宽傍管带状，有宽带、细带两种，细带少。木射线细，放大镜下明显。波痕略可见。

## 微观构造

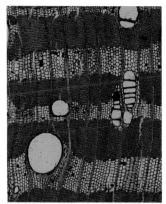
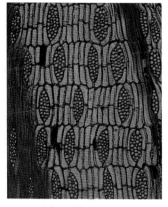
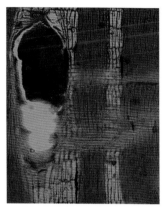

横切面微观构造图　　　　　弦切面微观构造图　　　　　径切面微观构造图

导管单管孔为主，少数 2～4 个径列复管孔，散生，管间纹孔式互列，系附物纹孔，单穿孔。轴向薄壁组织宽傍管带状丰富（宽 3～18 个细胞），少数聚翼状。木纤维壁厚，叠生。木射线叠生，多列射线为主，宽 2～5 个细胞，高 7～19 个细胞，单列射线少，射线组织主为同形单列及多列。

## 特性及用途

木材气干密度约 0.80g/cm³。木材重，强度高，很耐腐，具光泽及油性感。主要适用于高级家具、运动器材、雕刻等。

## 保护级别

《世界自然保护联盟濒危物种红色名录》（IUCN）EN（濒危）级。

### 树木文化

非洲崖豆木是由于其木材中宽带状轴向薄壁组织构造特征在板面呈现形似"鸡翅"状的花纹而得名"鸡翅木"，其次是横切面纹理特征形似阶梯状花纹，宽窄均匀，美丽壮观。

# 斯图崖豆木 *Millettia stuhlmannii*

**木材名称**

崖豆木

**木材别称**

黄鸡翅木、非洲黄鸡翅木。

**木材分类**

蝶形花科（Papilionaceae）崖豆木属（*Millettia*）。

**主要产地**

非洲的刚果（布）、刚果（金）、喀麦隆等。

实物图

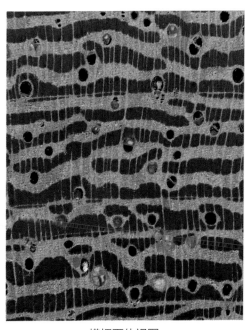
横切面体视图

**宏观特征**

散孔材，管孔中等略大，数量少，大小不均，单个及少数 2～3 个径列。心材黄黑褐色或巧克力色，具有深浅相间色带，轴向薄壁组织宽傍管带状，宽傍带间具细线状似轮界状。木射线细，放大镜下略明显。

## 微观构造

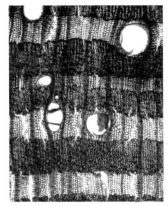
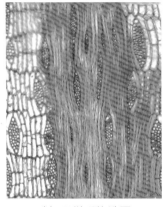
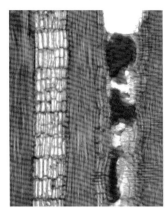

横切面微观构造图　　　　弦切面微观构造图　　　　径切面微观构造图

导管单管孔为主,少数 $2 \sim 3$ 个径列复管孔,管间纹孔式互列,单穿孔。轴向薄壁组织宽傍管带状丰富,带间具细线状似轮界状、少数环管状、翼状及聚翼状,叠生。木纤维壁厚,叠生。木射线叠生,多列射线为主,宽 $2 \sim 5$ 个细胞,高 $6 \sim 17$ 个细胞,单列射线高 $4 \sim 12$ 个细胞,射线组织同形单列及多列。

## 特性及用途

木材气干密度 $0.80 \sim 0.91 \mathrm{g/cm^3}$。木材强度高,耐磨、耐腐、抗虫性能强,材性稳定,加工略难,板面鸡翅花纹明显。主要适用于重型建筑、高级古典家具、乐器、雕刻、工艺品、高级地板及装饰材等。

### 树木文化

斯图崖豆木切面常呈现类似红木中鸡翅木类木材的花纹。因其材色略黄褐黑色,市场故称"黄鸡翅木"。

# 大美木豆 *Pericopsis elata*

**木材名称**

美木豆

**木材别称**

非洲柚木、柚木王、泰柚王、非洲黑檀、高大花檀。

**木材分类**

蝶形花科（Papilionaceae）美木豆属（*Pericopsis*）。

**主要产地**

非洲的加纳、科特迪瓦、扎伊尔、尼日利亚、喀麦隆等。

三、非洲木材

实物图

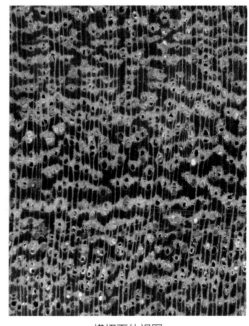

横切面体视图

**宏观特征**

散孔材，管孔小，略中等，单个，2～3个径列为主，内含深色树胶或白色沉积物。心材黄褐至深褐色。轴向薄壁组织环管状、翼状、聚翼状发达。木射线细，放大镜下明显。波痕略见。

## 微观构造

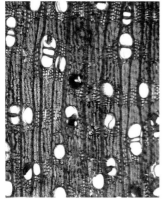  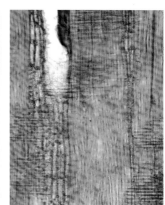

横切面微观构造图   弦切面微观构造图   径切面微观构造图

导管单管孔，2～3个径列复管孔，含黄白色沉积物，深色树胶丰富，管间纹孔式互列，单穿孔。轴向薄壁组织环管状、翼状、聚翼状。木纤维壁甚厚，单管孔略具缘纹。木射线叠生，单列射线很少，多列射线为主，宽2～4个细胞，高10～16个细胞，射线组织同形单列及多列，或同形多列。

## 特性及用途

木材气干密度约0.70g/cm³。木材强度、硬度中，耐腐、抗虫性能强，尺寸稳定性好。主要适用于高级家具、地板、高级装饰用材等。

## 保护级别

《濒危野生动植物种国际贸易公约》（CITES）附录II管制树种；

《世界自然保护联盟濒危物种红色名录》（IUCN）EN（濒危）级。

## 树木文化

大美木豆并非真正意义上的柚木，人们之所以称之为"非洲柚木""泰柚王"，主要是因它在木材质地、颜色和相关材性上与泰国、缅甸产的柚木较为相似，由于产自非洲，市场惯称"非洲柚木"或"柚木王"。

# 刺猬紫檀 *Pterocarpus erinaceus*

三、非洲木材

**木材名称**

花梨木

**木材别称**

非洲香花梨、非洲黄花梨、非洲花梨。

**木材分类**

蝶形花科（Papilionaceae）紫檀属（*Pterocarpus*），红木，花梨木类木材。

**主要产地**

非洲的马里、几内亚比绍、冈比亚、塞内加尔等。

实物图

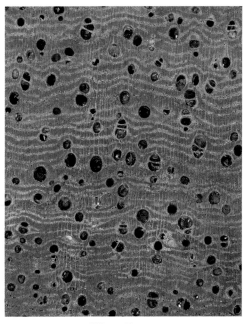

横切面体视图

**宏观特征**

散孔材至半环孔材，管孔大小不均，数量略少，单个和 2～3 个径列。心材紫红褐色或红褐色，具深色条纹。轴向薄壁组织聚翼状、带状。木射线细，放大镜下略明显。波痕可见。木材香气较弱。

## 微观构造

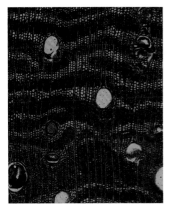
横切面微观构造图

弦切面微观构造图

径切面微观构造图

导管单个为主，2～3个径列复管孔，部分含红色树胶，管间纹孔式互列，系附物纹孔。木纤维薄至厚，叠生。轴向薄壁组织聚翼状、带状（宽2～5个细胞）。木射线叠生，单列射线偶2列，高3～10个细胞，射线组织同形单列。

## 特性及用途

木材气干密度约0.85g/cm³。木材强度中至大，硬度大，耐久、耐腐性能强，尺寸稳定性优良，加工容易，山水纹美丽多变。主要适用于高级家具、高级装饰、雕刻等。

## 保护级别

《濒危野生动植物种国际贸易公约》（CITES）附录II管制树种；

《世界自然保护联盟濒危物种红色名录》（IUCN）EN（濒危）级。

## 树木文化

刺猬紫檀特有的木纹天然美观，也近似于越南产的香枝木（越南黄花梨），因此市场得名"非洲黄花梨"。

# 安哥拉紫檀 *Pterocarpus angolensis*

三、非洲木材

**木材名称**

亚花梨木

**木材别称**

非洲花梨、高棉（红）花梨、非洲缅花。

**木材分类**

蝶形花科（Papilionaceae）紫檀属（*Pterocarpus*）。

**主要产地**

非洲的莫桑比克、安哥拉、赞比亚、坦桑尼亚等。

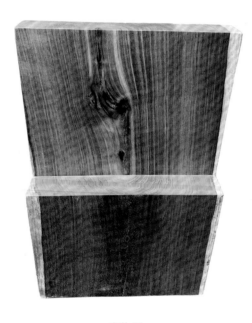

实物图

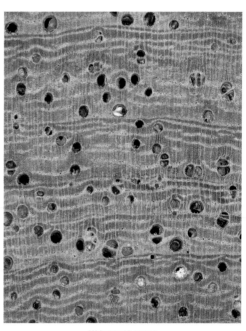

横切面体视图

**宏观特征**

散孔材至半环孔材，管孔中等，数量少，大小不均，单个为主，少数 2～3 个（偶 5 个）径列。心材黄褐色或紫褐色，材色变异大，具深色条纹。轴向薄壁组织翼状、聚翼状和带状。木射线很细，放大镜下可见。波痕明显。

## 微观构造

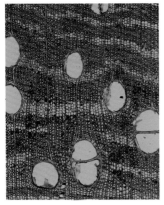

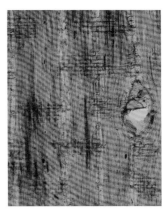

横切面微观构造图　　　弦切面微观构造图　　　径切面微观构造图

导管单管孔为主，少数2～4（偶5个）径列复管孔，部分含树胶。单穿孔，管间纹孔式互列，系附物纹孔。木纤维叠生。轴向薄壁组织带状粗细不均，聚翼状、翼状。木射线叠生，单列射线为主，少数2列或对列，高3～10个细胞，射线组织同形单列，内含丰富菱形晶体。

## 特性及用途

木材气干密度 $0.50 \sim 0.70 \mathrm{g/cm}^3$。木材强度、硬度及干燥性能中等，耐腐、尺寸稳定性能良好。主要适用于高级家具、乐器、高级细木工制品等。

### 树木文化

安哥拉紫檀的花纹自然美观，近似花梨木花纹，因此得名"非洲花梨"。

# 非洲紫檀 *Pterocarpus soyauxii*

**木材名称**

亚花梨木

**木材别称**

非洲花梨、红花梨、非洲红花梨。

**木材分类**

蝶形花科（Papilionaceae）紫檀属（*Pterocarpus*）。

**主要产地**

非洲的喀麦隆、加蓬、刚果（布）、安哥拉等。

实物图

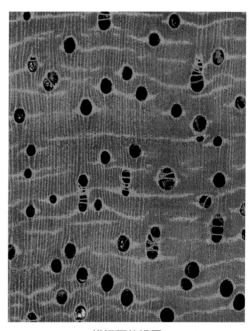

横切面体视图

**宏观特征**

　　散孔材，管孔略大，数量少，单个为主，少数 2～4 个径列。心材紫红褐色（新切面血红色或橘红色）。轴向薄壁组织傍管带状略短，翼状、聚翼状。木射线很细，放大镜下可见不明显。波痕明显。香气微弱。

三、非洲木材

## 微观构造

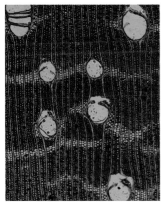 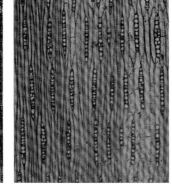 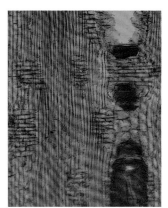

横切面微观构造图　　　　　弦切面微观构造图　　　　　径切面微观构造图

导管单管孔，少数 2～4 个径列复管孔，含红色树胶，管间纹孔式互列，单穿孔。轴向薄壁组织傍管带状、翼状、聚翼状。木射线叠生，单列射线为主，偶见对列，高 7～11 个细胞，射线组织同形单列。

## 特性及用途

木材气干密度 0.55～0.72g/cm$^3$。木材强度、硬度中等，耐腐、抗虫性能强，尺寸稳定性能良好，易于加工，木材径级大，缺陷少。主要用于高级家具、装饰等。

### 树木文化

非洲紫檀因其材色鲜红、美丽耀眼，具有大红大紫、红红火火的美感和喜庆感，深得人们青睐，市场誉为"红花梨"。

# 染料紫檀 *Pterocarpus tinctorius*

**木材名称**

染料紫檀

**木材别称**

血檀、赞比亚血檀、非洲小叶紫檀、赞比亚紫檀。

**木材分类**

蝶形花科（Papilionaceae）紫檀属（*Pterocarpus*）。

**主要产地**

非洲的刚果（布）、坦桑尼亚、安哥拉、赞比亚、莫桑比克等。

实物图

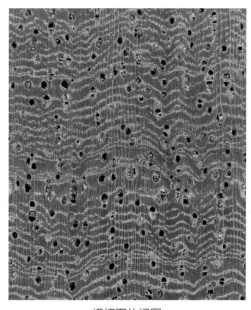

横切面体视图

**宏观特征**

散孔材，管孔小略中等，数量少，大小不均，单个为主，少数 2～3 个径列，孔内富含红色、黄色树胶。心材深褐色至深紫色，具深色条纹。轴向薄壁组织长傍管带状（山水波形），稀翼状和聚翼状。木射线细，放大镜下略明显。波痕可见。

## 微观构造

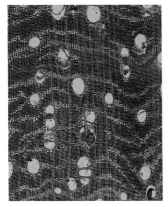

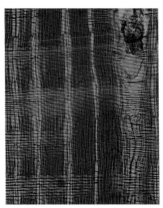

横切面微观构造图　　　　　弦切面微观构造图　　　　　径切面微观构造图

导管单管孔，少数 2～3 个径列复管孔，管孔内富含红色树胶。导管分子叠生，单穿孔，管间纹孔互列，系附物型。轴向薄壁组织傍管带状发达，少数翼状和聚翼状。分室含晶细胞可见，叠生，木纤维壁厚。木射线叠生，单列射线偶对列或 2 列，高 2～8 个细胞，射线组织同形单列，荧光反应明显。

## 特性及用途

木材气干密度 0.60～1.10g/cm³。木材坚硬，强度高，耐腐、抗虫性能强，尺寸稳定性好。主要适用于高级古典家具、高级工艺品、装饰品等。

## 保护级别

《濒危野生动植物种国防贸易公约》（CITES）附录 II 管制树种。

## 树木文化

染料紫檀树被砍时流溢的汁液为血红色，俗称为"血树"，提取的红色染料可用作人体彩绘，其木材颜色为深紫色至血红色，故市场俗称"血檀"，木材来自非洲，又称"非洲血檀"。

# 变色紫檀 *Pterocarpus tinctorius* var. *chrysothrix*

**木材名称**

亚花梨木

**木材别称**

非洲血檀。

**木材分类**

蝶形花科（Papilionaceae）紫檀属（*Pterocarpus*）。

**主要产地**

非洲的坦桑尼亚、刚果（布）、刚果（金）等。

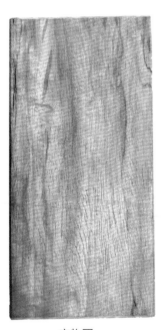

实物图

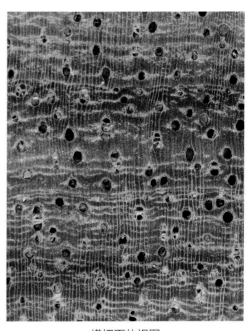

横切面体视图

**宏观特征**

　　散孔材，管孔小略中等，大小不均，单个为主，少数 2 ～ 3 个径列，内含黄色树胶。心材黄褐色或粉红褐色。轴向薄壁组织傍管带状略短、翼状及环管状。木射线甚细，放大镜下可见。波痕可见。

## 微观构造

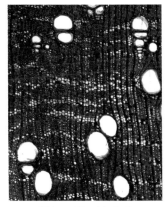

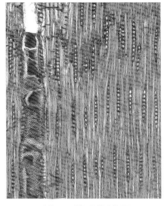

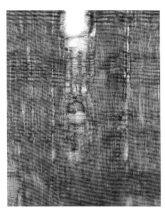

横切面微观构造图　　　　　弦切面微观构造图　　　　　径切面微观构造图

　　导管单管孔，少数 2 ～ 3 个径列复管孔，具树胶，管间纹孔式互列，多角形，系附物纹孔，穿孔板单一，略倾斜。木纤维壁甚薄。轴向薄壁组织傍管带状（宽 1 ～ 6 个细胞），少数翼状及环管状。木射线略叠生，单列射线高 3 ～ 15 个细胞，射线组织同形单列。

## 特性及用途

　　木材气干密度 $0.40 \sim 0.50 \mathrm{g/cm}^3$。木材轻软，强度小至中等，耐腐，尺寸稳定性良好。主要适用于仿红木家具、高级装饰、细木工制品及雕刻等。

### 树木文化

　　变色紫檀材色变化较大，新切时多为浅黄色，一段时间后常为砖红黄色或粉红褐色，气干到一定程度或使用一定时间后多呈红褐色，因而得名"变色紫檀"。

# 红铁木豆 *Swartzia* spp.

**木材名称**

红铁木豆

**木材别称**

红檀、科檀、非洲红檀、非洲红酸枝。

**木材分类**

蝶形花科（Papilionaceae）铁木豆属（*Swartzia*）。常见树种有葱叶状铁木豆（*S. fistuloides*）、铁木豆（*S. benthamiana*）。

**主要产地**

非洲的科特迪瓦、加纳、加蓬、喀麦隆等。

实物图

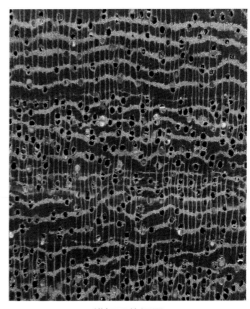

横切面体视图

**宏观特征**

散孔材，管孔小，略少，单个为主，少数 2～3 个径列，具白色沉积物。心材红褐色至紫红褐色。轴向薄壁组织发达，傍管带状（长宽不均，波形）、翼状、聚翼状。木射线细，放大镜下略明显。波痕可见。

## 微观构造

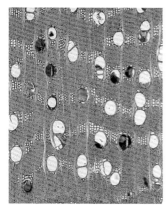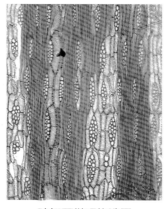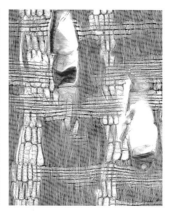

| 横切面微观构造图 | 弦切面微观构造图 | 径切面微观构造图 |

导管单管孔，少数 2～3 个径列复管孔，单穿孔。轴向薄壁组织傍管带状（宽 2～7 个细胞）、翼状、聚翼状。木纤维壁甚厚，略具狭缘。木射线叠生，单列射线少，高 4～9 个细胞，多列射线（2 列为主），高 5～11 个细胞，射线同形单列及多列。

## 特性及用途

木材气干密度 0.90～1.04g/cm³。木材硬度、强度高，耐腐、抗虫能力强，干缩大。主要适用于高级古典家具、地板、扶手等。

### 树木文化

红铁木豆因其木材颜色及材性近似红酸枝木类木材，市场又称"非洲红酸枝"或"红檀"，产自科特迪瓦的铁木豆又称"科檀"。因其轴向薄壁组织傍管带状丰富，形成的板面深浅条纹明显而美丽。

# 筒状非洲楝 *Entandrophragma cylindricum*

**木材名称**

筒状非洲楝

**木材别称**

沙比利木、幻影木、红影木。

**木材分类**

楝科（Meliaceae）非洲楝属（*Entandrophragma*）。

**主要产地**

非洲的加蓬、刚果（布）、科特迪瓦、喀麦隆等。

实物图

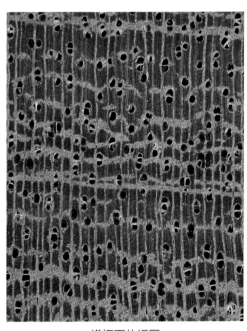

横切面体视图

**宏观特征**

    散孔材，管孔中等，单个和 2～3 个径列。管孔内富含黑色树胶。心材暗褐红色或铁褐色。轴向薄壁组织环管状、翼状、聚翼状及带状。木射线细，略中，放大镜下明显。新切面具香椿或松柏香气。

## 微观构造

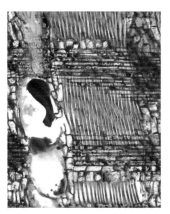

横切面微观构造图　　　　弦切面微观构造图　　　　径切面微观构造图

导管单管孔，少数 2～3 个径列复管孔，黑色树胶丰富，管间纹孔式互列，单穿孔。轴向薄壁组织发达，环管状及带状。木纤维壁薄，分隔木纤维普遍。木射线非叠生，单列射线很少，高 2～6 个细胞，多列射线宽 2～5 个细胞，高 10～15 个细胞，射线组织异形 III 型。

## 特性及用途

木材气干密度约 0.67g/cm³。木材强度略高，耐腐、抗虫能力中等，径切面具黑褐色条纹，深浅带状花纹明显。主要适用于高级装饰、刨切单板、地板、高级家具、乐器、雕刻等。

## 保护级别

《世界自然保护联盟濒危物种红色名录》（IUCN）VU（易危）级。

### 树木文化

筒状非洲楝因其径切面具有显著的深浅相间条纹或带状花纹，以及波状纹理所形成涟漪状花纹，表现出直纹、山水纹、水墨纹等不同图案，变化明显，故得名"幻影木"或"红影木"。

# 圆盘豆 *Cylicodiscus* spp.

**木材名称**

圆盘豆

**木材别称**

奥坎、绿柄桑圆盘豆。

**木材分类**

含羞草科（Mimosaceae）圆盘豆属（*Cylicodiscus*）。

**主要产地**

非洲的加纳、加蓬、刚果（布）、尼日利亚等。

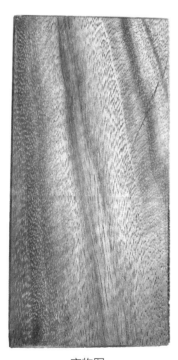

实物图

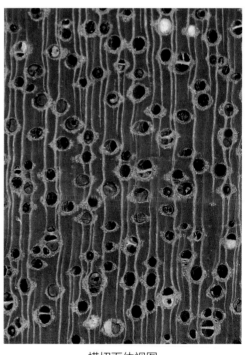

横切面体视图

**宏观特征**

　　散孔材，管孔中等，数量少，单个和2个径斜列，内含黑色树胶。心材金黄色至红褐色。轴向薄壁组织环管状、翼状（少）。木射线细，放大镜下可见。

三、非洲木材

## 微观构造

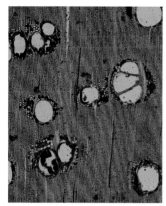
横切面微观构造图

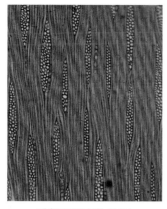
弦切面微观构造图

径切面微观构造图

导管单管孔，少数 2～3 个径斜列复管孔，内含树胶。管间纹孔式互列，多角形，系附物纹孔，穿孔板单一，略倾斜，木纤维壁甚厚。轴向薄壁组织环管状、翼状。木射线非叠生，多列射线宽 2～4 个细胞，高 6～27 个细胞，射线组织为同形多列。

## 特性及用途

木材气干密度约 1.00g/cm³。木材硬度、强度高，耐久、耐腐、抗虫性能强，尺寸稳定性、耐磨性能良好。主要适用于地板、重型建筑工程、车船及高级古典家具等。特别是木材径级较大时，市场多见用于实木人板用材。

### 树木文化

圆盘豆因具有尺寸稳定性好，不易变形，颜色深浅相间，花纹变化大，耐久、耐磨性能良好，以及具"古典美"的特点，深受人们青睐，被称为木材中的珍品。

# 翼红铁木 *Lophira alata*

**木材名称**

红铁木

**木材别称**

红铁檀、铁木、非洲红菠萝格、非洲坤甸木、金丝红檀、金莲木。

**木材分类**

金莲木科（Ochnaceae）红铁木属（*Lophira*）。

**主要产地**

非洲的利比里亚、加蓬、刚果（布）等。

三、非洲木材

实物图

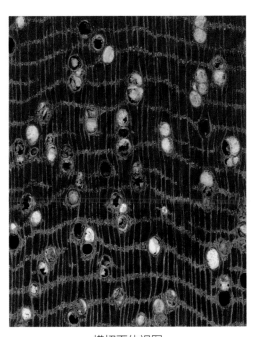

横切面体视图

**宏观特征**

散孔材，管孔小略中等，数量少，单个和 2～3 个径列。内含白色沉积物丰富。心材红褐色至暗褐色。轴向薄壁组织环管状、长带状发达，分布均匀。木射线细，放大镜下可见。

## 微观构造

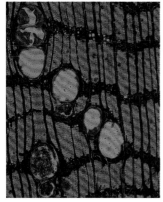
横切面微观构造图

弦切面微观构造图

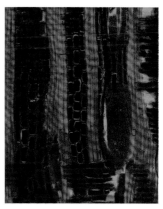
径切面微观构造图

导管单管孔，2～3个（多为2个）径列复管孔，含丰富沉积物，管间纹孔式互列，单穿孔。轴向薄壁组织长带状、环管状。木射线非叠生，单列射线很少，高2～22个细胞，多列射线宽2～3个细胞，高11～20个细胞，射线组织同形单列及多列，树胶丰富。

## 特性及用途

木材气干密度1.00～1.09g/cm$^3$。木材硬度、强度高，耐久、耐腐性及抗虫性能强，纵切面白色导管线明显，加工困难。主要适用于重型结构、地板、扶手、船舶及户外用材等。

## 保护级别

《世界自然保护联盟濒危物种红色名录》（IUCN）VU（易危）级。

### 树木文化

翼红铁木管孔内富含白色沉积物，强度很高，耐久、耐腐、抗虫甚强，是非洲著名的耐久性木材，又称"铁木"，因此，人们常用于制作砧板。

# 黑毒漆木 *Metopium brownii*

**木材名称**

黑毒漆木

**木材别称**

车臣木、加勒比黄檀木、南美酸枝、南美大叶黄花梨。

**木材分类**

漆树科（Anacardiaceae）毒漆树属（*Metopium*）。

**主要产地**

墨西哥、苏里南、圭亚那等。

实物图

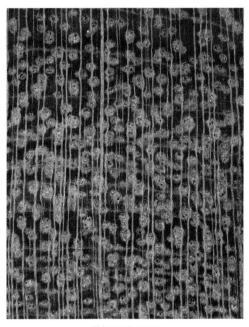

横切面体视图

**宏观特征**

　　散孔材，管孔小略中等，单个和 2 ～ 4 个径列，管孔内富含树胶。心材灰褐色至黑褐色，具黑色条纹。轴向薄壁组织环管状、翼状、聚翼状及轮界状。木射线细，放大镜下明显。

## 微观构造

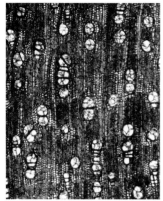

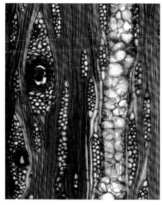
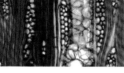
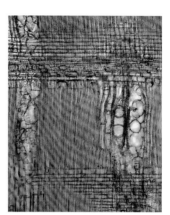

| 横切面微观构造图 | 弦切面微观构造图 | 径切面微观构造图 |

导管单管孔，2～6个径列复管孔，管孔内富含树胶，明显。轴向薄壁组织环管状、翼状、聚翼状及轮界状。木纤维壁甚厚，木射线非叠生，单列射线少，高2～6个细胞，多列射线为主，宽2～4个细胞，高8～22个细胞。胞间道径向位于射线中部。

## 特性及用途

木材气干密度约 0.88～1.02g/cm$^3$。木材重硬，强度高；干缩小，略耐腐、易于加工。主要适用于建筑、地板、造船、家具、室内装修、雕刻、车旋木等。

### 树木文化

黑毒漆木的色泽、密度等略似于酸枝木，故称"南美酸枝"。此外，木材花纹近似黄花梨木，又称"南美大叶黄花梨"或"美洲大叶黄花梨"，观赏性能佳，也被称为"加勒比黄檀木"。

# 重蚁木 *Tabebuia* spp.

实物图

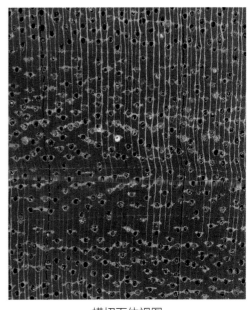

横切面体视图

**四、南美洲木材**

## 宏观特征

散孔材，管孔小，单个为主，少数 2～3 个径列，孔内富含黄绿色沉积物。心材橄榄褐色至深红褐色，具深浅相间条纹。轴向薄壁组织环管状、翼状、聚翼状（少），隐见轮界状。木射线细，放大镜下可见略明显。波痕明显。

## 微观构造

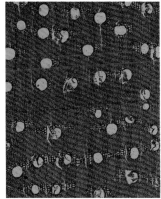
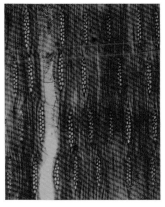

横切面微观构造图　　　　弦切面微观构造图　　　　径切面微观构造图

　　导管单管孔，少数2～4个径列复管孔，内含侵填体，导管分子单穿孔，管间纹孔式互列。轴向薄壁组织环管状、翼状及聚翼状（少）。木射线叠生，单列射线极少，高7～9个细胞，多列射线为主，宽2～3个细胞，高5～9个细胞，射线组织同形单列及多列。

## 特性及用途

　　木材气干密度0.81～1.14g/cm$^3$。木材强度高，耐腐、耐磨、抗虫蚁以及防腐、防湿能力强，木材油性和尺寸稳定性佳，加工木屑常会引起皮肤过敏。主要适用于重型建筑、车船、木地板等。

### 树木文化

　　重蚁木的木材管孔甚小，翼状、聚翼状的轴向薄壁组织在放大镜下形如蚂蚁，故称"蚁木"。重蚁木木地板浸泡后依然平整如新，木材色泽黑紫，纹理清晰秀丽且多变，有似紫檀，市场也称"南美紫檀"。

# 孪叶苏木 *Hymenaea courbaril*

**木材名称**

孪叶苏木

**木材别称**

南美红木、南美花梨、巴西柚木、南美柚木、贾托巴。

**木材分类**

苏木科（Caesalpiniaceae）孪叶苏木属（*Hymenaea*）。

**主要产地**

墨西哥、巴西、古巴等。

实物图

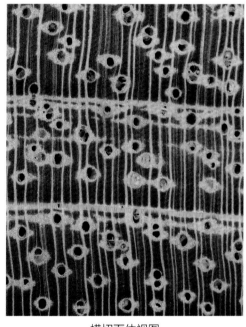

横切面体视图

**宏观特征**

散孔材，管孔小略中等，数量略少，单个为主，少数 2～3 个径列。心材浅红褐色至紫红褐色，具深浅相间条纹。轴向薄壁组织环管状、翼状、轮界状，年轮末端具聚翼状。木射线中略细，放大镜下明显。

## 微观构造

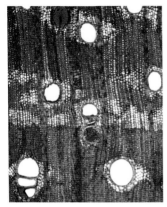

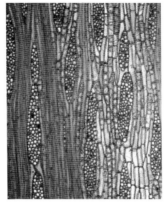

横切面微观构造图　　　　　弦切面微观构造图　　　　　径切面微观构造图

导管单管孔，少数 2～3 个径列复管孔，内含树胶及沉积物丰富，管间纹孔式互列。导管与射线间纹孔类似管间纹孔式。轴向薄壁组织环管状、翼状及轮界状（明显）。木射线非叠生，单列射线少，高 2～12 个细胞，多列射线为主，宽 2～7 个细胞，高 8～64 个细胞，射线组织同形单列及多列。

## 特性及用途

木材气干密度 0.88～0.96g/cm$^3$。木材强度高，耐腐、耐磨及抗虫能力强，尺寸稳定性很好。主要适用于高级家具、乐器、实木地板等。

### 树木文化

李叶苏木色泽紫红、密度适宜，强度和尺寸稳定性好，用于木地板等家居用品时更显温馨和高贵，深受大家喜爱。因其材性酷似柚木，市场誉称"南美柚木""巴西柚木"。

# 亚马孙沃埃苏木 *Vouacapoua americana*

**木材名称**

沃埃苏木

**木材别称**

咖啡心木、南美鸡翅木、巴西鸡翅木、鹧鸪木、黑心木。

**木材分类**

苏木科（Caesalpiniaceae）沃埃苏木属（*Vouacapoua*）。

**主要产地**

南美洲的苏里南、巴西、法属圭亚那等。

实物图

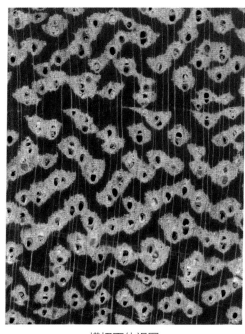

横切面体视图

**宏观特征**

　　散孔材，管孔略大，数量少，单个和少数 2 ～ 3 个径列。心材黑褐色或红褐色。轴向薄壁组织发达，环管状、翼状及宽聚翼状，将管孔不规则包裹。木射线细，放大镜下可见。

## 微观构造

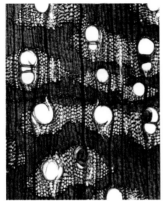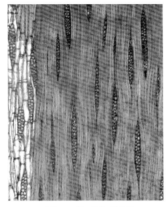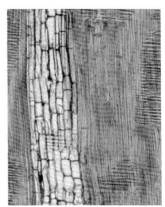

横切面微观构造图　　　　弦切面微观构造图　　　　径切面微观构造图

　　导管单管孔，少数 2 ～ 3 个径列复管孔，内含树胶或沉积物。管间纹孔式互列，系附物纹孔，单穿孔，穿孔板略倾斜。轴向薄壁组织发达，环管状、翼状及聚翼状，少数细胞含树胶。木纤维壁甚厚，单纹孔略具狭缘。木射线非叠生，单列射线很少，高 2 ～ 10 个细胞，多列射线宽 2 ～ 4 个细胞，高 6 ～ 42 个细胞，射线组织同形单列及多列。

## 特性及用途

　　木材气干密度 0.87 ～ 0.94g/cm³。木材强度、硬度高，质地硬重，耐腐、抗虫性能强，加工容易，材性稳定。主要适用于高级家具、木地板、工程建筑、车船等。

## 保护级别

　　《世界自然保护联盟濒危物种红色名录》（IUCN）CR（极危）级。

### 树木文化

　　亚马孙沃埃苏木因其花纹、材色、质地等酷似红木中的鸡翅木类木材，市场得名"南美鸡翅木"或"巴西鸡翅木"。

# 微凹黄檀 *Dalbergia retusa*

**木材名称**

酸枝木

**木材别称**

小叶红酸枝、南美红酸枝、南美酸枝、可可波罗木、中美洲大红酸枝。

**木材分类**

蝶形花科（Papilionaceae）黄檀属（*Dalbergia*），红木，红酸枝类木材。

**主要产地**

墨西哥、伯利兹、巴拿马等。

实物图

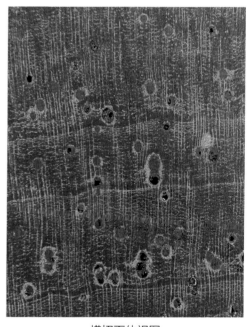

横切面体视图

四、南美洲木材

**宏观特征**

　　散孔材，管孔很小，数量少，单个为主，少数 2 ～ 3 个径列。心材黄红色或橙红色至紫红褐色，具深浅黑紫色条纹。轴向薄壁组织环管状、翼状及弦向细短带状。木射线细密，放大镜下明显。波痕不明显。木材酸香味较浓。

## 微观构造

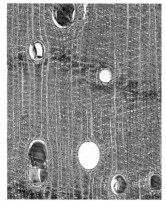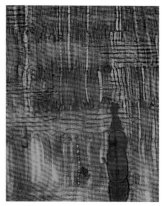

横切面微观构造图　　　　弦切面微观构造图　　　　径切面微观构造图

导管单管孔为主，少数 2 ～ 3 个径列复管孔。管间纹孔式互列，单穿孔，导管与射线间纹孔式类似管间纹孔式。轴向薄壁组织环管状、翼状及弦向短带状，与木射线相交可见网状。木射线叠生，单列射线为主（偶见 2 列），高 2 ～ 13 个细胞，射线组织同形单列。

## 特性及用途

木材气干密度 0.98 ～ 1.22 g/cm$^3$。木材重硬、细腻，油性感很强，耐腐、耐久、抗虫性能强，其花纹、材色、材质近似交趾黄檀。主要适用于高级古典家具、乐器、工艺品等。

## 保护级别

《濒危野生动植物种国际贸易公约》（CITES）附录 II 管制树种；
《世界自然保护联盟濒危物种红色名录》（IUCN）CR（极危）级。

## 树木文化

据记载，哥伦布航海发现并考察当时的巴西、洪都拉斯时，当地土著酋长送给他儿根木材，并告诉他，这是当地最珍贵的木种，即"帝王木"（微凹黄檀）。哥伦布将其带回欧洲，伊莎贝拉女王命人用该木制造一张王座献给裴迪南国王作为礼物，极其珍贵，现仍保存在巴塞罗那历史博物馆，被誉为十六世纪欧洲王室家具巅峰之作。

# 伯利兹黄檀 *Dalbergia stevensonii*

**木材名称**

黑酸枝木

**木材别称**

大叶黄花梨、洪都拉斯玫瑰木。

**木材分类**

蝶形花科（Papilionaceae）黄檀属（*Dalbergia*），红木，黑酸枝类木材。

**主要产地**

北美洲的伯利兹、洪都拉斯等。

实物图

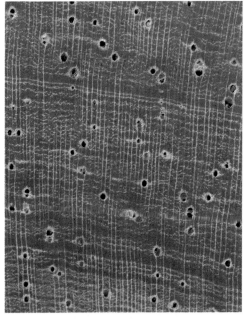

横切面体视图

**四、南美洲木材**

**宏观特征**

　　散孔材，半环孔材倾向明显，晚材管孔略小，数量少，单个和2～3个径列。心材浅红褐色、黑褐色或紫褐色，深浅相间条纹明显。轴向薄壁组织环管状、翼状，主为细带状。木射线略细密，放大镜下明显。波痕明显。木材酸香气微弱。

## 微观构造

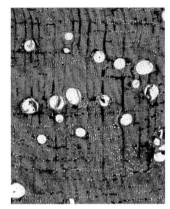
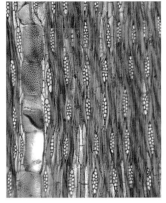
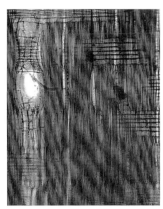

横切面微观构造图　　　　弦切面微观构造图　　　　径切面微观构造图

导管单管孔，2～3个径列复管孔，管间纹孔式互列，轴向薄壁组织环管状、翼状和细带状。木射线叠生，单列射线少，高4～11个细胞，多列射线为主，宽2～3个细胞，高6～13个细胞。射线组织同形单列及多列。

## 特性及用途

木材气干密度 $0.93 \sim 1.19 \, g/cm^3$，木材抗虫及天然耐腐性、耐久性强。主要适用于高级家具、乐器、工艺品等。

## 保护级别

《濒危野生动植物种国际贸易公约》（CITES）附录 II 管制树种；

《世界自然保护联盟濒危物种红色名录》（IUCN）CR（极危）级。

## 树木文化

由于伯利兹黄檀制作的家具，具有明显的深浅色相间的黑褐色或紫褐色条纹和"鬼脸"纹，纹理美观、稀有，酷似黄花梨，人们俗称"大叶黄花梨"。

# 赛州黄檀 *Dalbergia cearensis*

**木材名称**

红酸枝木

**木材别称**

紫罗兰酸枝、西阿拉黄檀、国王木、紫罗兰木、紫罗兰军刀豆。

**木材分类**

蝶形花科（Papilionaceae）黄檀属（*Dalbergia*），红木，红酸枝类木材。

**主要产地**

南美洲的巴西等。

实物图

横切面体视图

**宏观特征**

散孔材，管孔小略中等，晚材管孔略小，单个及 2～3 个径列（稀 4 个）。心材材色差异大，浅红色至红褐色和黑褐色，具紫褐色或黑褐色条纹。轴向薄壁组织环管状、聚翼状和带状（断续分布）。木射线细略中，放大镜下明显。波痕可见。酸香气微弱。

四、南美洲木材

## 微观构造

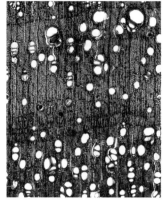

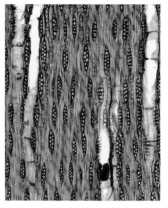

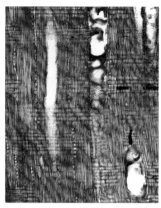

| 横切面微观构造图 | 弦切面微观构造图 | 径切面微观构造图 |

导管单管孔，2～4个径列复管孔，管间纹孔式互列，系附物纹孔，单穿孔。轴向薄壁组织环管状、翼状、聚翼状和断续带状，分室含晶细胞普遍。木纤维壁甚厚，叠生，木射线略叠生，单列射线少，高5～8个细胞，多列射线为主，宽2个细胞，高5～15个细胞，射线组织同形单列及多列，异形 III 型可见。

## 特性及用途

木材气干密度 0.95～1.10g/cm³。木材甚重硬，强度很高，耐磨、耐久、抗虫性能强，加工困难。主要适用于高级家具、乐器、雕刻、镶嵌等。

## 保护级别

《濒危野生动植物种国际贸易公约》（CITES）附录 II 管制树种；

《世界自然保护联盟濒危物种红色名录》（IUCN）NT（近危）级。

### 树木文化

赛州黄檀产自南美洲，其木材因 17—18 世纪盛行于欧洲法国、英国、西班牙等国的宫廷王室和制作名贵乐器而名声远扬，故尊称为"国王木"。

# 密花黄檀 *Dalbergia congestiflora*

**木材名称**

密花黄檀

**木材别称**

国王木、帝王木、墨西哥紫酸枝、墨西哥黄花梨。

**木材分类**

蝶形花科（Papilionaceae）黄檀属（*Dalbergia*）。

**主要产地**

北美洲的墨西哥、萨尔瓦多等。

实物图

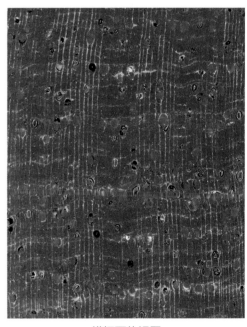

横切面体视图

## 宏观特征

散孔材，管孔小，数量少，大小不均，单个为主，内含黑色树胶。心材浅红褐色至深红褐色，常带深浅相间黑色条纹。轴向薄壁组织环管状、翼状和断续细离管带状。木射线细，放大镜下明显。波痕可见。辛辣香气弱。

## 微观构造

横切面微观构造图　　　　弦切面微观构造图　　　　径切面微观构造图

导管单管孔为主，少数 2～3 个径列复管孔，部分管孔内含树胶。木纤维壁厚，轴向薄壁组织环管状、翼状和细离管带状。木射线叠生，单列射线少，高 5～8 个细胞，多列射线为主，宽 2～3 个细胞，高 5～16 个细胞，射线组织同形单列及多列。

## 特性及用途

木材密度 $1.00～1.13g/cm^3$。木材甚重硬，强度很高。耐久、耐腐、抗虫性能强，尺寸稳定性好。主要适用于高级家具、地板、装修用材、雕刻、工艺品等。

## 保护级别

《濒危野生动植物种国际贸易公约》（CITES）附录 II 管制树种；
《世界自然保护联盟濒危物种红色名录》（IUCN）EN（濒危）级。

## 树木文化

密花黄檀因其花纹、色泽及材性等与著名的"国王木"（赛州黄檀）相近，主要用于制作宫廷王室的名贵家具和乐器，故被誉为墨西哥"国王木"或"帝王木"，为世界名贵木材之一。

# 中美洲黄檀 *Dalbergia granadillo*

**木材名称**

红酸枝木

**木材别称**

墨西哥红酸枝、中美洲红酸枝。

**木材分类**

蝶形花科（Papilionaceae）黄檀属（*Dalbergia*），红木，红酸枝类木材。

**主要产地**

北美洲的墨西哥等。

四、南美洲木材

实物图

横切面体视图

**宏观特征**

　　散孔材，单个为主，少数 2～3 个径列。心材暗红褐色或深红褐色，具深浅黑色条纹。轴向薄壁组织环管状、星散—聚合及弦向细短带状。木射线细，放大镜下明显。波痕可见。新切面具辛辣气味。

## 微观构造

| 横切面微观构造图 | 弦切面微观构造图 | 径切面微观构造图 |

导管单管孔为主，少数 2～3 个径列复管孔，富含树胶。管间纹孔式互列，系附物纹孔，单穿孔，导管与射线间纹孔式类似管间纹孔式。轴向薄壁组织环管状、星散—聚合状及弦向细长，带状，与射线相交略呈网状。木射线叠生，单列射线少，高 3～8 个细胞，多列射线为主，宽 2 个细胞，高 6～10 个细胞，射线组织同形单列及多列。

## 特性及用途

木材气干密度 0.98～1.22g/cm$^3$。木材重硬，耐腐、耐久、抗虫能力强。花纹美观、纹理细腻，尺寸稳定性好。主要适用于高级家具、工艺品等。

## 保护级别

《濒危野生动植物种国际贸易公约》（CITES）附录 II 管制树种；
《世界自然保护联盟濒危物种红色名录》（IUCN）CR（极危）级。

## 树木文化

中美洲黄檀稀少、紧缺，花纹美丽、高贵，人们誉称"木中极品"。

# 香二翅豆 *Dipteryx odorata*

**木材名称**

二翅豆

**木材别称**

龙凤檀、铁木王、黄檀。

**木材分类**

蝶形花科（Papilionaceae）二翅豆属（*Dipteryx*）。

**主要产地**

南美洲的巴西、秘鲁、圭亚那、委内瑞拉等。

四、南美洲木材

实物图

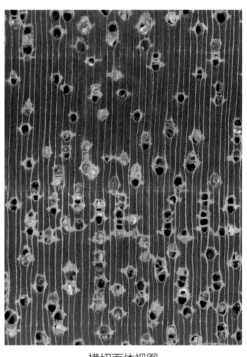

横切面体视图

**宏观特征**

　　散孔材，管孔小略中等，单个和 2 ～ 3 个径列。心材浅褐色至红褐色。轴向薄壁组织环管状、翼状和聚翼状（少）。木射线很细，放大镜下可见。波痕可见。

## 微观构造

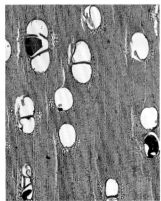
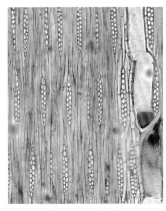
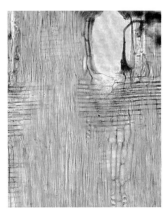

横切面微观构造图　　　　弦切面微观构造图　　　　径切面微观构造图

导管单管孔，2～3个径列复管孔，管间纹孔式互列，导管与射线间纹孔式类似管间纹孔式。轴向薄壁组织环管状、翼状、聚翼状（少）。木射线叠生，多列射线为主，宽2个细胞，高4～13个细胞，单列射线少，高4～8个细胞，射线组织为同形单列。

## 特性及用途

木材气干密度 $1.00 \sim 1.10 \text{g/cm}^3$。木材甚重硬，强度很高，耐腐、耐久、抗虫能力强，耐磨、耐候性能好，油性高，蜡质感强。主要适用于木地板、运动器材、车船等重型结构用材。

### 树木文化

香二翅豆板面具有清晰盘绕的独特纹理，似龙似凤，妙趣横生，因而得名"龙凤檀"，也是吉祥、美好和龙凤呈祥的象征。其木材的"香"，不像其他木材的浓郁香味，而是一种婉约花香，静心品味时能感受到其中的精致意蕴和特有的悠悠禅意，令人心神安宁。

# 军刀豆 *Machaerium* spp.

**木材名称**

军刀豆

**木材别称**

南美酸枝、南美红酸枝、军刀木。

**木材分类**

蝶形花科（Papilionaceae）军刀豆属（*Machaerium*），常见树种有硬木军刀豆（*M. scheroxylon*）和毛军刀豆（*M. villosum*）。

**主要产地**

南美洲的巴西、巴拉圭、阿根廷、秘鲁等。

实物图

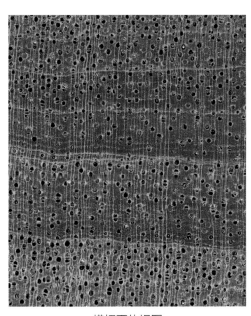

横切面体视图

**宏观特征**

　　散孔材，管孔小，疏密不均，单个和2～3个径列。心材紫褐色，具深浅相间条纹。轴向薄壁组织环管状、翼状和断续离管带状及轮界状。木射线很细，放大镜略明显。波痕略明显。

## 微观构造

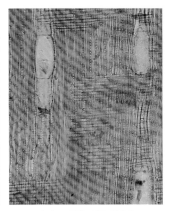

| 横切面微观构造图 | 弦切面微观构造图 | 径切面微观构造图 |

导管单管孔，2～3个径列复管孔，管间纹孔式互列，单穿孔，导管与射线间纹孔式类似管间纹孔式。轴向薄壁组织星散—聚合状、环管状，少数侧向伸展似翼状或短离管带状及轮界状。木射线叠生，主为单列射线，高7～12个细胞，多列射线略少，宽2个细胞，高8～13个细胞，射线组织为同形单列及多列。

## 特性及用途

木材气干密度约 $0.88g/cm^3$。木材强度中略高，耐腐、耐磨性、耐久、抗虫性能强，特别是防水、防潮和抗地热防高温能力强，材性稳定。主要适用于军工用品、高级家具、乐器等。

### 树木文化

军刀豆木材结构细腻，具有深浅相间条纹，绚丽多彩，高贵大方，又可散发核桃般美丽香气，同时因其木材耐腐、耐磨、抗虫能力极强，特别适用于制作军枪、军刀，故有"军刀豆"或"军刀木"的美称。

# 香脂木豆 *Myroxylon balsarmum*

**木材名称**

香脂木豆

**木材别称**

红檀香、香花梨、南美香花梨。

**木材分类**

蝶形花科（Papilionaceae）香脂木豆属（*Myroxylon*）。

**主要产地**

南美洲的巴西、秘鲁、阿根廷等。

实物图

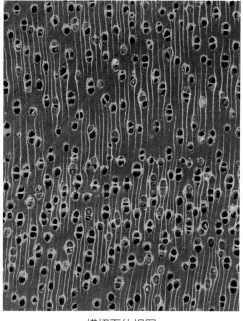

横切面体视图

四、南美洲木材

**宏观特征**

　　散孔材，管孔小，单个和 2 ～ 4 个径列或不规则列。心材红褐色至紫红褐色，具浅色条纹。轴向薄壁组织环管状、翼状（少），木射线细而短，放大镜下可见。波痕略明显。木材芳香气味浓郁。

## 微观构造

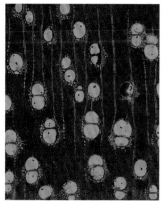
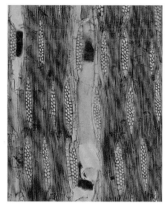

横切面微观构造图　　　　弦切面微观构造图　　　　径切面微观构造图

　　导管单管孔，2～4个不规则复管孔，管间纹孔式互列，单穿孔。轴向薄壁组织环管状，少数翼状。木射线叠生，单列射线很少，多列射线为主，宽2～3个细胞，高5～13个细胞，射线组织异形 II 型及 III 型。

## 特性及用途

　　木材气干密度约 0.95g/cm³。木材强度大，耐腐、抗虫、抗蚁性强，尺寸稳定性良好。主要适用于木地板、高级家具、楼梯扶手等。

### 树木文化

　　香脂木豆富含芳香气味，天生异香、温和自然，颇有"疏影横斜水清浅，暗香浮动月黄昏"之感，香味悠远绵长，俗称"红檀香"或"南美香花梨"，也有"木王"之称。

# 阔变豆 *Platymiscium* **spp.**

**木材名称**

阔变豆

**木材别称**

红酸枝、南美白酸枝、中美洲白酸枝、墨西哥白酸枝。

**木材分类**

蝶形花科（Papilionaceae）阔变豆属（*Platymiscium*），主要树种有乌氏阔变豆（*P. ulei*）、羽阔变豆（*P. pinnatum*）、特阔变豆（*P. trinitalis*）、多穗阔变豆（*P. pleiostachyum*）和龙卡坦阔变豆（*P. yucatanum*），市场常见主要是乌氏阔变豆。

**主要产地**

南美洲的巴西、苏里南以及北美洲的墨西哥等。

实物图

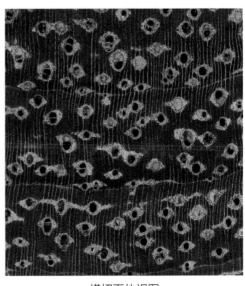

横切面体视图

**四、南美洲木材**

**宏观特征**

　　散孔材，管孔略小，单个和 2 个径列。心材红褐色或紫褐色，具黑色或紫色深浅相间条纹。轴向薄壁组织翼状、聚翼状，轮界状断续可见。木射线很细，放大镜下可见。波痕可见。

## 微观构造

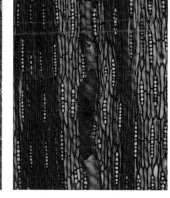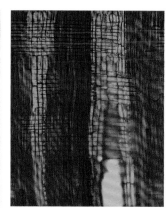

横切面微观构造图　　　　　弦切面微观构造图　　　　　径切面微观构造图

导管主为单管孔，2～3个径列复管孔，管间纹孔式互列，单穿孔。轴向薄壁组织主为翼状、聚翼状，轮界状（少）。木射线叠生，单列射线为主，高3～12个细胞，多列射线很少（偶成对），高3～10个细胞，射线组织同形单列及多列。

## 特性及用途

木材气干密度 $0.80 \sim 0.94g/cm^3$。木材强度高，耐腐、耐久及抗虫性能很强，尺寸稳定性好。主要适用于高级家具、工艺品、乐器等。

## 保护级别

多穗阔变豆列入《濒危野生动植物种国际贸易公约》（CITES）附录 II 管制树种。

## 树木文化

阔变豆木材具有独特花纹，色泽艳丽，其材性高度近似于大红酸枝，人们惯称"红酸枝""南美白酸枝"。

# 黑铁木豆 *Swartzia* spp.

**木材名称**

黑铁木豆

**木材别称**

南美黑酸枝、黑酸枝、南美黑檀、黑檀、红檀、南美玫瑰木。

**木材分类**

蝶形花科（Papilionaceae）铁木豆属（*Swartzia*），主要树种有班尼铁木豆（*S. bannia*）、圭亚那铁木豆（*S. prouacensis*）和平萼铁木豆（*S. leiocalycina*）。

**主要产地**

南美洲的巴西、圭亚那、苏里南等。

实物图

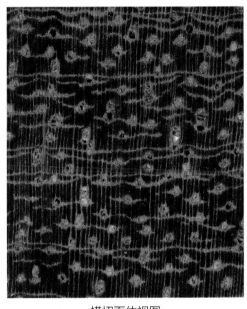

横切面体视图

**宏观特征**

　　散孔材，管孔很小，数量较少，单个为主，少数 2～3 个径列。心材深橄榄色或深褐色至紫红褐色，具深紫褐色条纹。轴向薄壁组织长翼状、聚翼状及长带状似轮界状。木射线细密，放大镜下明显。波痕略见。

## 微观构造

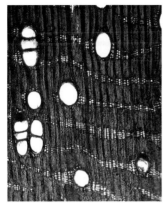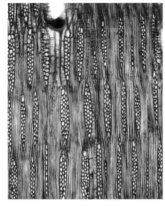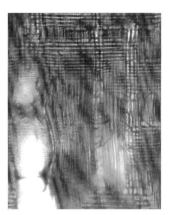

横切面微观构造图　　　　弦切面微观构造图　　　　径切面微观构造图

导管单管孔，2～3个径列复管孔，管间纹孔式互列，多角形，导管分子略叠生，单穿孔，穿孔板略倾斜，与射线间纹孔式类似管间纹孔式。轴向薄壁组织环管状、长翼状、聚翼状、带状。木射线叠生，单列射线少，多列射线为主，宽2～3个细胞，高10～21个细胞，射线组织异形 III 型。

## 特性及用途

木材气干密度 0.87～1.06g/cm³。木材甚重硬，强度高，韧性大，略耐腐、抗虫。主要适用于高级家具、木地板及车船等。

### 树木文化

黑铁木豆材质甚重硬，颜色紫红褐色，具深浅条纹明显，人们常将其称为"黑檀"或"红檀"，而仿冒红木。因其产自南美洲而称"南美黑酸枝"或"南美玫瑰木"。

# 瓦泰豆 *Vatairea* spp.

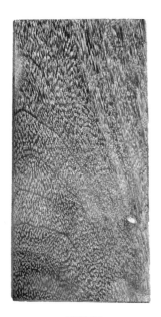

实物图

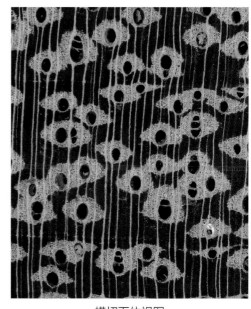

横切面体视图

**四、南美洲木材**

## 宏观特征

　　散孔材，管孔小略大，数量甚少，单个和 2～3 个径列（少），内含树胶。心材黄褐色或黄灰褐色。轴向薄壁组织发达，翼状（短）、聚翼状明显。木射线细略密，放大镜下明显。波痕略见。

## 微观构造

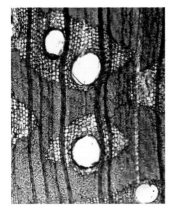
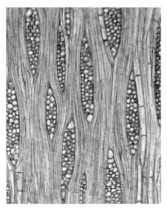
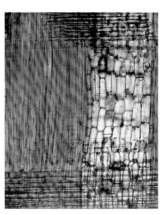

横切面微观构造图　　　　　弦切面微观构造图　　　　　径切面微观构造图

　　导管单管孔为主，少数 2～3 个径列复管孔，部分管孔内含树胶，管间纹孔式互列，多角形。穿孔板平行至略倾斜，导管与射线间纹孔式类似管间纹孔式。轴向薄壁组织翼状、聚翼状发达。木射线部分叠生，单列射线少，高 1～6 个细胞，多列射线为主，宽 2～5 个细胞，高 5～35 个细胞，射线组织异形 Ⅱ 型。

## 特性及用途

　　木材气干密度约 $0.77g/cm^3$。木材强度及耐腐性中等，抗虫害能力强，油性感强。主要适用于木地板、高级家具、电杆、建筑等。

### 树木文化

　　人们认为瓦泰豆是有生命的神圣木材，是人们的保护神，用作电杆能保护人们安全。此外，该木材的纹理形似鸡翅，被誉为"南美黄鸡翅木"。

# 大叶桃花心木 *Swietenia macrophylla*

**木材名称**

桃花心木

**木材别称**

美洲桃花心木、巴西桃花心、美洲红木。

**木材分类**

楝科（Meliaceae）桃花心属（*Swietenia*）。

**主要产地**

北美洲的墨西哥、古巴，南美洲的巴西、哥伦比亚等，亚洲的东南亚地区和中国广东、广西、海南等均有引种。

实物图

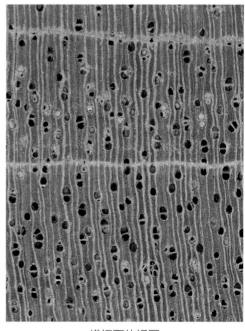

横切面体视图

**宏观特征**

散孔材，管孔中等略大，数量少，单个为主，少数 2 ～ 3 个径列。心边材区别不明显，心材褐色。轴向薄壁组织环管状、轮界状。木射线可见，放大镜下明显。

四、南美洲木材

## 微观构造

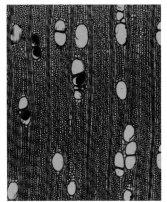
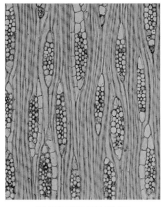

横切面微观构造图　　　　弦切面微观构造图　　　　径切面微观构造图

导管单管孔，少数 2～3 个径列复管孔，管间纹孔式互列。轴向薄壁组织环管状、轮界状。木射线局部近叠生，单列射线少，高 3～5 个细胞，多列射线宽 2～6 个细胞，高 6～20 个细胞，射线组织异形 II 型，具直立和方形细胞，多为横卧细胞组成。

## 特性及用途

木材气干密度 0.51～0.72g/cm³。木材强度中等，干缩小，尺寸稳定性好，耐腐、抗虫能力较强。主要适用于装饰性刨切单板、高级家具、乐器等。

## 保护级别

《濒危野生动植物种国际贸易公约》（CITES）附录 II 管制树种；
《世界自然保护联盟濒危物种红色名录》（IUCN）VU（易危）级。

## 树木文化

大叶桃花心木原产于南美洲、北美洲南部。19 世纪起，亚洲的东南亚地区和中国开始引种。由于其材性优良，被公称为优质的世界名贵木材。

# 圭亚那蛇桑 *Piratinera guianensis*

**木材名称**

蛇桑

**木材别称**

蛇纹木、甲骨纹木、南美豹木、美洲豹纹木。

**木材分类**

桑科（Moraceae）蛇桑木属（*Piratinera*）。

**主要产地**

南美洲的圭亚那、苏里南等。

实物图

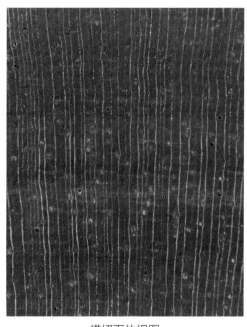

横切面体视图

**宏观特征**

　　散孔材，管孔很小，数量略少，单个和 2～4 个径列，内富含侵填体。心材暗褐红色，具黑色、紫色相间蛇皮状条纹。轴向薄壁组织不见。木射线细，放大镜下明显。

四、南美洲木材

## 微观构造

横切面微观构造图

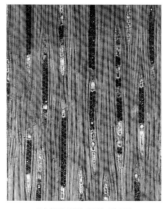
弦切面微观构造图

径切面微观构造图

导管单管孔，2～4个径列复管孔，管孔内充满硬化侵填体，管间纹孔式互列，单穿孔。轴向薄壁组织稀少。木射线非叠生，两列为主，高5～25个细胞，单列射线细胞长方形，同一射线会出现2次以上多列部分。射线组织异形Ⅰ型及Ⅲ型，细胞内充满侵填体。

## 特性及用途

木材气干密度1.20～1.36 g/cm$^3$，为世界上密度最大的木材之一。木材强度甚高，耐腐、抗虫性能极强，抛光性能优良，加工困难。主要适用于高级家具、装饰、乐器、工艺品等。

### 树木文化

圭亚那蛇桑具有不规则的黑色、紫色奇特斑纹，形似蛇纹、甲骨文。该木材特别坚硬、珍贵，既有小叶紫檀的手感，又有海南黄花梨的花纹，有"木中钻石"的美誉。

# 黑黄蕊木 *Xanthostemon melanoxylon*

**木材名称**

黄蕊木

**木材别称**

所罗门黑檀、所罗门大叶紫檀、黑酸枝、黑檀、黑金檀。

**木材分类**

桃金娘科（Myrtaceae）黄蕊木属（*Xanthostemon*）。

**主要产地**

大洋洲的所罗门群岛。

实物图

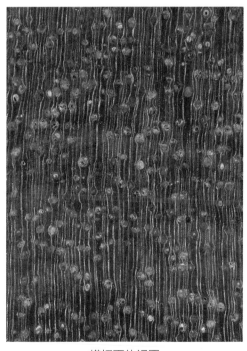

横切面体视图

**宏观特征**

　　散孔材，管孔很小，单个为主，少数 2 ～ 3 个径列，内富含侵填体。心材红褐色至深褐色，具黑褐色条纹。轴向薄壁组织环管状。木射线细，放大镜下明显。

## 微观构造

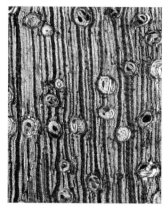
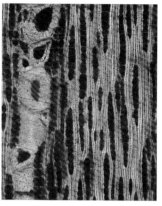

| 横切面微观构造图 | 弦切面微观构造图 | 径切面微观构造图 |
|:---:|:---:|:---:|

导管单管孔为主，少数 2～3 个径列复管孔。管间纹孔式互列，附物纹孔，孔内具侵填体。木纤维壁甚厚，弦切面具缘纹孔明显。轴向薄壁组织量少，稀疏环管状及星散状。木射线非叠生，单列射线为主（偶见两列），高 1～18 个细胞。射线组织异形单列，细胞内充满深色树胶。

## 特性及用途

木材气干密度 1.30～1.36g/cm$^3$。木材强度甚高，硬度甚大，质地极坚硬。耐磨、耐久、耐腐、抗虫性强，尺寸稳定性好，油性感强，加工很困难。主要适用于高级古典家具、工艺品、雕刻、乐器、重型结构用材等。

## 保护级别

《世界自然保护联盟濒危物种红色名录》（IUCN）VU（易危）级。

### 树木文化

黑黄檀木因其自然生长缓慢，木材质地特别坚硬，花纹美丽、油性感强，利用价值高，用其制作的家具可与黑酸枝木、紫檀木制作的名贵程度相媲美，人们誉称"所罗门大叶紫檀""黑酸枝"。

# 萨米维腊木 *Bulnesia sarmientoi*

**木材名称**

维腊木

**木材别称**

蒺藜木、绿檀木、玉檀木、玉檀香。

**木材分类**

蒺藜科（Zygophyllaceae）维腊木属（*Bulnesia*）。

**主要产地**

南美洲的阿根廷、哥伦比亚、委内瑞拉、智利等。

实物图

横切面体视图

## 宏观特征

　　散孔材或花样孔材，管孔单串或复串径向复列。心材绿褐色或橄榄绿色，具深浅相间暗绿色条纹。轴向薄壁组织环管状。木射线极细，放大镜下略见。木材具檀香气味。

## 微观构造

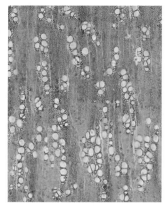
横切面微观构造图

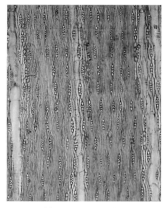
弦切面微观构造图

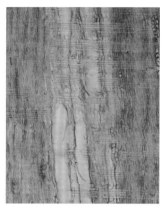
径切面微观构造图

导管复管孔，管孔多为单串或复串径列不规则复管孔链，管间纹孔式互列。轴向薄壁组织环管状，木射线略叠生，单列射线为主（偶见 2 列），射线高 5 个细胞，射线组织同形单列。

## 特性及用途

木材气干密度 $1.00 \sim 1.20 \text{g/cm}^3$，木材强度大，耐腐、抗虫、耐磨性能及油性感强。主要适用于高级家具、工艺品等。

## 保护级别

《濒危野生动植物种国际贸易公约》（CITES）附录 II 管制树种。

## 树木文化

萨米维腊木具有深浅相间的暗榄绿色条纹，木材材质重硬似绿檀，其檀香气味似玉檀香，其品质为罕见的"降香绿檀"，在人们眼里，其绿似翡翠，贵如翡翠，故有"木中翡翠"之美誉。此外，人们把该木材誉为能给人们带来吉祥和丰收的"圣木"。

# 愈疮木 *Guaiacum officinale*

**木材名称**
愈疮木

**木材别称**
绿檀、玉檀。

**木材分类**
蒺藜科（Zygophyllaceae）愈疮木属（*Guaiacum*）。

**主要产地**
北美洲的巴哈马、墨西哥、牙买加等。

实物图

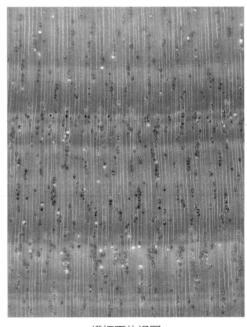

横切面体视图

## 宏观特征

散孔材，管孔很小，单个和单串径列，管孔内富含油性分泌沉积物，心材暗绿褐色或黑色。轴向薄壁组织环管状或星散状。木射线细，放大镜下可见。波痕可见略明显。木材具香气。

## 微观构造

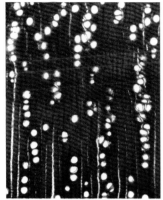
横切面微观构造图

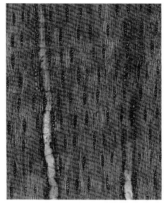
弦切面微观构造图

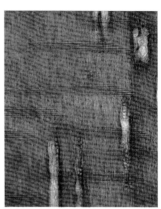
径切面微观构造图

导管单管孔少，多为多个成串径列复管孔链，管间纹孔式互列。轴向薄壁组织环管状、星散状。木射线叠生，单列射线少，高 3～6 个细胞，多列射线为主，宽 2 列，高 5～8 个细胞，射线组织同形单列及多列。

## 特性及用途

木材气干密度 1.22～1.30g/cm³。木材极重硬，强度甚高。耐磨、耐久、耐腐、韧性极强，油性感特强，不吸水，加工困难。主要适用于船舶、轴承等重型结构及高级家具、雕刻、体育、地板等。

## 保护级别

《濒危野生动植物种国际贸易公约》（CITES）附录 II 管制树种；
《世界自然保护联盟濒危物种红色名录》（IUCN）EN（濒危）级。

### 树木文化

愈疮木材质极重硬，材色独特，具有暗绿褐色花纹，树木具有极高的药用功能，拉丁语之意为"生命之木"。树木花色美丽，为牙头加的国花。

# 红栎 *Quercus rubra*

**木材名称**

红栎

**木材别称**

橡木、红橡、红槲栎、红栎树、北方红橡、美国橡树。

**木材分类**

壳斗科（Fagaceae）栎木属（*Quercus*）。

**主要产地**

北美洲的美国、加拿大等。

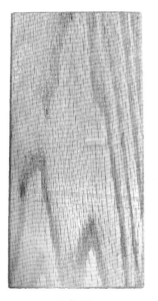

实物图

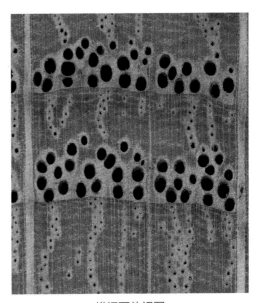

横切面体视图

**宏观特征**

环孔材，早材管孔大，1～4列，侵填体少，早材至晚材管孔急变，晚材管孔单串径列分丫或枝丫状排列。心材淡红至红褐色。轴向薄壁组织离管断续弦细线状及星散—聚合状。木射线具宽、细两种，宽射线少，肉眼下明显，细射线很细，数量多，放大镜下可见。

## 微观构造

横切面微观构造图　　　　弦切面微观构造图　　　　径切面微观构造图

导管早材管孔 1 ～ 4 列，晚材管孔 2 个至多个单串径列或分叉呈枝丫状。管间纹孔式互列，与射线间纹孔式刻痕状。轴向薄壁组织弦细线状，具分隔木纤维。木射线非叠生，细射线甚多，单列射线为主，稀成对 2 列，高 1 ～ 20 个细胞，多列射线宽 12 ～ 30 个细胞，高 100 个细胞以上，射线组织同形单列及多列。

## 特性及用途

木材气干密度 0.66 ～ 0.77g/cm$^3$。木材强度、硬度中等，质地坚硬，耐磨、耐腐性强，加工困难，木纹有山水纹，清晰美观。主要适用于木地板、刨切装饰板、家具、橱柜、运动器材、纺织器材等。

### 树木文化

红栎在美国称为红橡木，是美国重要商品材之一，具有特殊的象征意义。据说，美国第一任总统在红橡木桌子上签署了《独立宣言》。白宫华丽的国宴大厅的装修和家具、餐具全用红橡木制造。红橡树更是美国的国树。该树木的树皮具有栓皮层，质轻软，富弹性，是制作软木优质材料，又称"软木橡"。

# 白栎 *Quercus* spp.

**木材名称**

白栎

**木材别称**

橡木、白橡、白麻栎、檞栎。

**木材分类**

壳斗科（Fagaceae）栎木属（*Quercus*）。

**主要产地**

北美洲的美国。

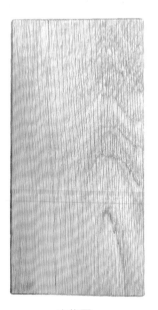

实物图

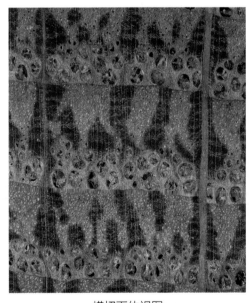

横切面体视图

## 宏观特征

环孔材，早材管孔大，1～3列，管孔内侵填体丰富，早材至晚材急变，晚材管孔很小，呈宽复串树丫状或火焰状径向排列。心材灰黄褐色或浅栗褐色。轴向薄壁组织离管断续弦细线状及星散—聚合状。木射线具宽、细两种，宽射线少，肉眼下明显，细射线（多）放大镜下可见。

## 微观构造

横切面微观构造图

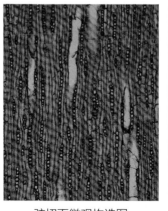
弦切面微观构造图

径切面微观构造图

导管早材管孔大，1～3列，内含侵填体丰富，晚材管孔小，主为单管孔聚合呈复串径向树丫状排列。单穿孔，管间纹孔式互列，少数似管间纹孔式。轴向薄壁组织弦细线状，分隔木纤维明显。木射线非叠生，细射线甚多，单列射线为主，稀成对2列，高1～20个细胞，多列宽射线宽6～15个细胞，高60个细胞或以上，射线组织同形单列及多列。

## 特性及用途

木材气干密度0.63～0.79g/cm³。木材强度高，硬度大，质地坚实，木材弹性及耐磨、耐腐性强，加工困难。木纹有山水纹，清晰美观。主要适用于木地板、运动器材、家具、装饰、重型结构等。

## 树木文化

白栎在美国称为白橡木，除木材常见的用途外，更具独特的水解单宁酸和内酯成分以及天然木香气，长期以来被国外各大酒厂、酒庄广泛用于制作葡萄酒桶。优质葡萄酒必定采用白橡木制作的酒桶贮藏，故习惯称之为"桶木"。

# 黑核桃 *Juglans nigra*

**木材名称**

黑核桃

**木材别称**

黑胡核、美国黑核桃、核桃木、胡桃木。

**木材分类**

核桃科（Juglandaceae）核桃属（*Juglans*）。

**主要产地**

北美洲的美国；中国华北、西北及华中地区等多地均有引种。

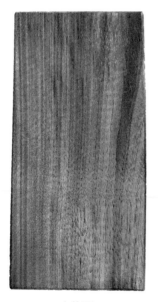

实物图

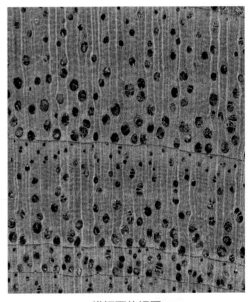

横切面体视图

**宏观特征**

半环孔材，早材管孔大，晚材管孔渐小，数量略多，单管孔为主，少数 2～3 个径列，管孔内充满侵填体。心材暗褐色至巧克力色或紫褐色，具黑色细条纹。轴向薄壁组织弦向细线状（切线状）和轮界状。年轮呈明显黑色。木射线略细密，放大镜下明显。

## 微观构造

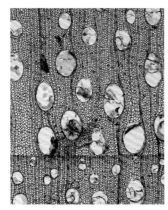
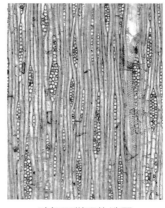

横切面微观构造图　　　　弦切面微观构造图　　　　径切面微观构造图

导管早材管孔大，晚材渐小，单管孔为主，少数 2 ～ 3 个径列复管孔，管间纹孔式互列，晚材导管分子径壁具不规则网状加厚。轴向薄壁组织弦向细线状。木射线非叠生，单列射线少，高 2 ～ 15 个细胞，多列射线宽 2 ～ 5 个细胞，高 5 ～ 25 个细胞，射线组织同形单列及多列，少数异形 III 型，含晶细胞。

## 特性及用途

木材气干密度 0.50 ～ 0.67g/cm$^3$。木材强度和韧性中等，加工性能优良，加工容易，耐腐、抗虫性强，尺寸稳定性佳。主要适用于高级家具、工艺品雕刻、建筑装饰、乐器等。

### 树木文化

黑核桃原产于北美洲，是世界备受青睐的优质珍贵木材之一。因其木材具有美丽的黑斑条纹，材色深沉优雅，自古以来备受王室贵族和上流人群喜爱，故誉称"木中贵族"。

# 樱桃木 *Prunus serotina*

**木材名称**

樱桃木

**木材别称**

美国黑樱木、黑稠李、红稠李。

**木材分类**

蔷薇科（Rosaceae）樱桃木属（*Prunus*）。

**主要产地**

北美洲的美国、加拿大以及欧洲北部等。

实物图

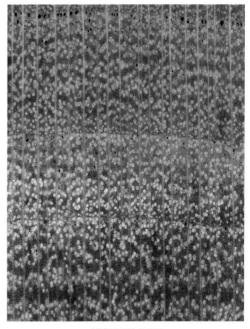

横切面体视图

## 宏观特征

散孔材，管孔很小，数量略多，单个和 2～3 个或多个径斜不规则列。心材深红色至暗红褐色。轴向薄壁组织环管状及星散状。木射线略宽，肉眼下可见略明显。

## 微观构造

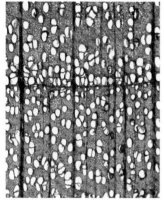

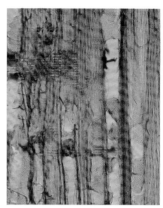

横切面微观构造图　　　　　弦切面微观构造图　　　　　径切面微观构造图

导管早材部分略大，晚材部分渐小，可见半圆形、多角形，单管孔和 2～3 个或多个径斜不规则复管孔。管间纹孔式互列，导管分子壁具螺纹加厚。轴向薄壁组织环管状及星散状。木射线非叠生，单列射线少，高 2～13 个细胞，多列射线为主，宽 3～4 个细胞，高 17～40 个细胞，射线组织同形单列及多列或异形 III 型。

## 特性及用途

木材气干密度 0.58～0.62g/cm³。木材强度、硬度中等，弯曲性能佳，加工容易，结构细致，耐腐、尺寸稳定性强。主要适用于高级家具、乐器、雕刻、车船及室内装饰、拼花地板等。

### 树木文化

櫻桃木因其木材质感细腻、尺寸稳定性强、弯曲性能优等特点，是橱柜的首选用材，故称"橱柜樱桃木"。

# 参考文献

成俊卿, 杨家驹, 刘鹏, 1992. 中国木材志[M]. 北京: 中国林业出版社.

方崇荣, 骆嘉言, 2004. 世界贸易木材原色图鉴[M]. 北京: 中国林业出版社.

符韵林, 李英健, 2019. 红木鉴[M]. 北京: 中国轻工业出版社.

江泽慧, 彭镇华, 等, 2001. 世界主要树种木材科学特性[M]. 北京: 科学出版社.

姜笑梅, 张立非, 刘鹏, 1999. 拉丁美洲热带木材[M]. 北京: 中国林业出版社.

刘鹏, 姜笑梅, 张立非, 1996. 非洲热带木材[M]. 北京: 中国林业出版社.

刘鹏, 杨家驹, 卢鸿俊, 1993. 东南亚热带木材[M]. 北京: 中国林业出版社.

谢福慧, 徐峰, 祝俊新, 等, 1990. 木材树种识别、材性及用途[M]. 北京: 学术书刊出版社.

徐峰, 海凌超, 2010. 红木与名贵硬木家具用材鉴赏[M]. 北京: 化学工业出版社.

徐峰, 黄善忠, 2009. 热带亚热带优良珍贵木材彩色图鉴[M]. 南宁: 广西科学技术出版社.

徐峰, 2013. 广西主要树种木材基础材性[M]. 南宁: 广西科学技术出版社.

徐峰, 刘仁清, 2008. 木材比较鉴定图谱[M]. 北京: 化学工业出版社.

徐峰, 2008. 木材鉴定图谱[M]. 北京: 化学工业出版社.

殷亚方, 姜笑梅, 2015. 濒危和珍贵热带木材识别图鉴[M]. 北京: 科学出版社.

# 中文名索引

# 学名索引